晚第四纪山东地区风尘堆积中砾石层的沉积特征及环境意义

徐树建　孔凡彪　著

中国科学技术出版社

·北　京·

图书在版编目（CIP）数据

晚第四纪山东地区风尘堆积中砾石层的沉积特征及环境意义 / 徐树建，孔凡彪著 . -- 北京：中国科学技术出版社，2024. 9. --ISBN 978-7-5236-1195-1

Ⅰ . P535. 252

中国国家版本馆 CIP 数据核字第 2024Q6W032 号

策划编辑	徐世新	责任编辑	向仁军
封面设计	麦莫瑞文化	版式设计	麦莫瑞文化
责任校对	张晓莉	责任印制	李晓霖

出　　版	中国科学技术出版社
发　　行	中国科学技术出版社有限公司
地　　址	北京市海淀区中关村南大街 16 号
邮　　编	100081
发行电话	010-62173865
传　　真	010-62173081
网　　址	http://www.cspbooks.com.cn

开　　本	710mm×1000mm　1/16
字　　数	130 千字
印　　张	10.75
版　　次	2024 年 9 月第 1 版
印　　次	2024 年 9 月第 1 次印刷
印　　刷	河北鑫玉鸿程印刷有限公司
书　　号	ISBN 978-7-5236-1195-1 / P・244
定　　价	88.00 元

项目基金

国家自然科学基金（41977262，41472159）

前　言

一、研究背景与意义

风尘沉积由源到汇的搬运过程是地球物质循环的重要环节，反映着气候环境的演变（Smalley，et al.，2014；Sun，et al.，2015；Schatz，et al.，2015；Galović，Peh，2016）。中国黄土—古土壤序列分布广泛，沉积较厚且基本连续，蕴藏着丰富的古气候环境信息，是研究第四纪以来气候环境演变的良好载体（Kemp，et al.，2017；Wu，et al.，2017；刘东生，1965，1985）。山东地区黄土位于中国黄土分布的东部边缘，是我国现代季风区的中部和海陆交接过渡地带，是东亚风尘沉积系统的重要组成部分（付信花等，2012），也是全球海—陆—气圈层耦合的关键性连接带。

近年来，关于山东地区黄土的研究，无论是在理论上还是方法技术上都取得了显著的成果（张祖陆等，2004；Ding，et al.，2017）。前人通过对黄土孢粉、粒度、磁化率、古生物化石以及测年等气候代用指标的研究，对山东地区黄土的年代、成因、物源等问题做出了系统的解答，并探究了山东地区黄土堆积的环境背景。在以往的研究（山东省地质矿产局，1991；李培英等，2008）及我们的野外调查（徐树建，

2012）中发现，山东地区晚第四纪特别是末次冰期以来自鲁中南山地北麓直至庙岛群岛等广大地区的风尘堆积中，存在一期或多期明显的砾石层，该砾石层是山东地区风尘堆积区别于黄土高原典型黄土以及长江中下游下蜀黄土的一大突出特征。砾石层作为地球大气—土壤—水—岩石各圈层之间物质迁移过程中气候环境变迁的重要信息载体，对于地质地貌的演变以及气候环境变化具有重要的指示意义（倪晋仁，马蔼乃，1998；李吉均，2013；李立文，2006）。因此，砾石层的研究一直被地学界所关注（张玉芬等，2012；胡梦珺等，2018）。

在土壤学上，砾石层一般是指土壤剖面内夹有厚度大于10cm、砾石含量大于30%的土层（Casas-Mulet，et al.，2018）。地质时期沉积的砾石层按成因主要分为冰碛砾石、河流砾石、湖相砾石、海滩砾石、泥石流砾石、滑坡及崩塌砾石等。砾石层作为历史时期某种堆积营力作用下的产物，记录了丰富的地质地貌和气候环境演变信息，通过研究它们的沉积特征可以还原堆积过程，重塑环境演化历史。因此，山东地区风尘堆积中的砾石层是研究山东地区晚第四纪时期区域古水系、古水文以及古地形地貌演变过程的直接物质证据，探讨其反映的气候环境事件对认识山东风尘堆积的环境背景具有重要的作用。

一直以来，针对砾石层的研究工作就从未间断，这些研究主要涉及砾石沉（堆）积特征、沉积年代、物质来源、砾石层的成因以及砾石层所指示的环境意义等方面。以往有关砾石层的研究，在研究区域上多集中在长江流域和黄河流域。长江流域以南京一带秦淮河、滁河两岸的"雨花台砾石层"（韩志勇等，2009；李立文和方邺森，1981；夏树芳和康育义，2012；李应运和方邺森，1963）、江汉平原西缘宜昌东部的"宜昌砾石层"（陈立德和邵长生，2015；向芳等，2011）和长江武汉段北岸阳逻镇的"阳逻砾石层"（梅惠等，2007，2009）为多。这些砾石层的研究对于长江形成、演化以及古环境变迁的研究具有重要的意义。黄河流域主要以晋陕峡谷（刘运明，2017；潘保田等，2012）、古三门湖（季军良等，2006）阶地砾石层研究为主，黄河阶地砾石层的研究对黄河河道的变迁研究具有重要指示意义。

然而，针对山东风尘堆积中砾石层的研究较少。基于此，本书选择最具典型、保存完好、堆积较厚的章丘黑峪剖面（HY）为例，通过光释光测年法（OSL）确定山东风尘沉积中砾石层的沉积年代，研究砾石层上下部黄土沉积的沉积学特征，对其沉积环境进行判别；通过砾石层组构特征的测量与统计，分析其成因、物质来源及其环境意义，从而进一步探讨其对气候事件的指示意义。本研究不但有助于深刻理解山东风尘堆积的环境背景（Li, et al., 2014；Debasish and Ghoshal, 2014；L'Amoreaux and Gibson, 2013；Nelson and Bellugi, 2014；贾广菊等，2017），探讨东亚地区重大的气候事件，而且还可以为揭示改变地球营力和改造地表过程的地质过程提供重要的科学依据。

二、研究区域概况

（一）地理位置

山东地区位于中国东部沿海、黄河下游地区，东临黄海，北濒渤海，与辽东半岛隔海相望，西部和南部与河北、河南、安徽、江苏四省接壤。其地理位置独特，地处 $34°23'\sim38°17'N$，$114°48'\sim122°42'E$，是中国东部沿海的重要省份之一。这种地理位置使得山东地区在风尘堆积研究中具有得天独厚的条件，既受到内陆风沙的影响，又受到海洋性气候的调节。

（二）自然环境

1. 地形地貌

山东地区地形复杂多样，以山地丘陵和平原为主。中部为鲁中南山地丘陵区，地势高峻，多呈东北—西南走向，是黄河水系与淮河水系的分水岭。东部为山东半岛丘陵区，以低山丘陵为主，海岸线曲折，多港湾和岛屿。西部及北部是华北平原的一部分，地势平坦宽广，是黄河冲积形成的平原区。南部和西南部为鲁西平原区，地势相对低洼，湖泊众多，水系发达。这种地形地貌为风尘堆积提供了丰富的沉积环境和多样的物源条件。

2. 气候特征

山东地区属于暖温带季风气候区，四季分明，降水适中，光照充足。春季干旱多风，夏季炎热多雨，秋季凉爽宜人，冬季寒冷干燥。这种气候条件对风尘堆积的形成和保存起到了重要作用。冬季强烈的西北季风携带大量沙尘物质，经过长途跋涉后沉积在山东地区，形成了丰富的风尘堆积层。同时，夏季的降水有助于风尘堆积物的固结和保存，使得这些堆积物成为研究古气候、古环境变迁的重要载体。

3. 水文条件

山东地区水系发达，河流纵横交错。黄河、京杭大运河、小清河等大河贯穿全境，形成了庞大的水系网络。这些河流不仅为山东地区提供了丰富的水资源，也对风尘堆积的分布和特征产生了重要影响。河流的侵蚀、搬运和沉积作用使得风尘堆积物得以重新分布和改造，形成了具有独特特征的沉积体系。

（三）社会经济状况

山东地区是中国经济最发达的省份之一，经济实力雄厚，产业结构齐全。近年来，山东地区社会经济发展取得了显著成就，经济实力和综合实力不断提升。在经济方面，山东地区以工业、农业和服务业为主导产业，形成了多元化的经济体系。工业方面，山东地区拥有众多大型企业和知名品牌，如海尔、海信、浪潮等，在电子信息、机械制造、化工等领域具有较强的竞争力。农业方面，山东地区是全国重要的粮食生产基地和农产品出口大省，以小麦、玉米、棉花等为主要农作物。服务业方面，山东地区金融业、旅游业、物流业等现代服务业快速发展，为社会经济发展提供了有力支撑。在交通方面，山东地区基础设施建设不断完善，交通网络四通八达。京沪、京九等铁路干线以及高速公路、航空、海运等多种交通方式相互衔接，形成了贯通全省、沟通全国的立体综合交通运输网。同时，山东地区教育、科技、文化等事业也取得了长足发展，为社会经济发展提供了强有力的人才和智力支持。

（四）风尘堆积分布与特征

风尘堆积主要分布在山地丘陵和平原地区。其中，山地丘陵区的风尘堆积以黄土状堆积为主，这些堆积物往往具有粒度较细、层理清晰等特点，是研究古气候、古环境变迁的重要载体。而平原地区的风尘堆积则多与河流、湖泊等沉积环境相结合，形成了更为复杂的沉积体系。这些堆积物中不仅包含了大量的风尘物质，还记录了丰富的古水系、古水文和古地形地貌信息。

山东地区作为风尘堆积研究的重要区域之一，具有独特的气候条件、地质背景和丰富的风尘堆积资源。通过深入研究该地区的风尘堆积，我们可以更好地理解该地区的地质历史和气候变迁过程，为未来的科学研究和生态环境保护提供有力支持。

三、研究进展

（一）山东地区黄土研究进展

自 20 世纪以来，中国西北及黄河中游地区的第四纪黄土受到了广大学者的关注，随着黄土研究的发展，在地层划分、沉积模式、成因及物源、古气候、古环境演变等方面都涌现出系统的研究（刘东生，1985；Jin, et al., 2019；Yang, et al., 2015；Li, et al., 2020），取得了众多成果，并在国内外产生了重要影响。山东地区黄土的研究深度与广度虽然相对于中国西北与黄河中游地区的黄土研究存在较为明显的差距，但相关研究也一直在持续进行，围绕着山东地区黄土的成因、物源、堆积年代与环境指示意义等内容开展了较为广泛的研究。其中在20 世纪 60 年代初期，金祥龙和郑开云（1964）通过对庙岛群岛黄土的初步调查，提出了"海成黄土"的观点；20 世纪 80 年代，刘东生（1985）对山东地区黄土进行了总体性描述，并指出山东地区黄土在末次冰盛期除了接受以尘暴形式搬运的西北内陆粉尘外，还有从东部出露的陆架吹来的粉尘物质，并且该观点也在曹家欣等（1987）对庙岛群岛黄土的深入研究中得到进一步的证实；刘敬圃（1995）、于洪军（1999）等通过对山东半岛北部沿海与"陆架黄土"的成因进行系统研究，进一步提出了末次冰期陆架荒漠化和山东沿海黄土的近源风成观点；刘乐军等（2000）对青州地区黄土的粒度特征与成因分析的结果同样显示了鲁中黄土的风成成因，并指出鲁中黄土主要为低空地方风系搬运的近源物质堆积而成，冰期裸露的莱州湾和黄泛平原为主要物源区，其次为高空气流携带的内陆远源物质，该观点在彭淑贞等（2010）对青州黄土的黏土矿物分析中得到进一步的支持；此外，张祖陆等（2005）对济南张夏黄土的研究结果显示，张夏黄土除了接收西北气流与东部渤海湾气流搬运的物质以外，还有当地的碎屑物质；牛洪燕和金秉福（2010）通过对芝罘岛黄土状黄土的研究显示，芝罘岛黄土状黄土具有风成的特性，冰期出露的海底平原沉积物为其提供了部分沉积物，但受季风气候影响，黄河携带的大量泥沙以及当地基岩风化壳残积物也是其主要的物质来源；而 Tian 等（2019）对华北沿海的四个黄土剖面开展系统研究，结果显示了其风成成因，同时利用元素地球化学进行物源判别的结果也进一步显示本区黄土在接收内陆远源物质的同时，也含有裸露大陆架松散沉积物和邻近丘陵的局部物质。总体可以看出，山东地区黄土的成因与物源具有多样性和复杂性的特点，其主要成因为风成，并多夹带有碎屑成因，物质来源主要以近源为主。

关于山东地区黄土年代的研究，目前山东地区黄土以青州傅家庄剖面堆积厚度最大，郑洪汉等（1994）通过 ^{14}C 测年法测得最高位置黑垆土上部 S_0 的年代为 3210±190 a，最老的黄土层 L_9 的热释光年代为 793±64ka，并据此认为山东地区黄土的底界可能超过了 B/M 界限；而彭淑贞等（2010）通过系统的磁性地层结果显示整个剖面未达到 B/M 界限，表明底部年代小于 780ka，而后通过上部测得的光释光年代并假定沉积速率不变的基础上推测其底部年代大约为 500ka；曹家欣等（1987）通过 ^{14}C 年代和古生物化石证明庙岛群岛黄土主要形成于晚更新世晚期；Xu 等（2015，2018）先后通过对庙岛群岛仙境源剖面和砣矶岛剖面进行光释光测年并根据测年结果推测其研究剖面分别堆积于末次间冰期与末次冰期；Tian 等（2019）通过对华北沿海的黄土剖面进行系统的光释光年代测试结果显示，该区黄土堆积于倒数第二次冰期；张祖陆通过对张夏剖面 3 处钙结核的 ^{14}C 测年，认为整个剖面均属于马兰黄土堆积；徐树建等（2014）根据对章丘埠西黄土剖面系统的光释光年代结果认为该剖面为晚更新世以来的沉积物；孔凡彪等（2017）根据淄博佛村剖面的光释光测年结果认为该剖面为末次间冰期以来的沉积物。总体可以看出，相对于在成因和物源之间基本形成的共识，因测年方法之间的差异与许多剖面并未见底，山东地区黄土的起始年代尚不确定，也未能建立可靠的黄土年代学框架。

山东地区黄土中蕴含着丰富的环境信息，曹家欣等（1987）通过庙岛群岛黄土的粒度与矿物特征发现，离石黄土堆积时气候较为湿润，而马兰黄土主要堆积在寒冷干燥的环境中，并且期间受到了海平面升降的影响；Zhang等（2012）利用磁化率与元素地球化学方法对南长山岛王沟剖面进行研究，并与黄土高原黄土对比后认为二者之间存在相似的成土过程；刁桂仪等（1994）通过对山东地区马兰黄土 $CaCO_3$ 的淋溶程度与稀土元素（REE）的分异程度反映了山东地区黄土堆积时期的古气候环境比同时期的黄河中游更为暖湿；刘乐军等（2000）通过青州黄土粗颗粒含量特征揭示了该地区经历了中更新世后期的转冷，末次间冰期时的气候暖湿，末次冰期的气候干冷以及全新世以来转暖过程中出现的短期回冷事件；孔凡彪等（2017）通过粒度、磁化率与色度等指标提取了淄博佛村黄土剖面中蕴含的环境演变信息，结果显示该剖面记录的环境演变信息与深海氧同位素阶段（MIS）之间具有较高的一致性，堆积过程中经历了 MIS1、MIS3 早期和 MIS5 阶段的暖湿气候时期与 MIS2 和 MIS3 中晚期的气候干冷时期；Xu等（2018）通过粒度、磁化率以及地球化学元素等方法对砣矶岛黄土进行了系统的研究，体现了东亚夏季风和海平面变化对气候环境变化与黄土沉积演化的控制作用；Tian等（2019）通过综合物理与化学指标对华北沿海的四个黄土剖面进行了系统的研究，表明了晚第四纪华北沿海地区的气候主要受全球冰量变化驱动的东亚季风控制。

(二) 山东地区砾石层研究进展

以往关于砾石层的研究，在研究区域上多集中在长江流域，特别是以南京一带秦淮河、滁河两岸的"雨花台砾石层"、江汉平原西缘宜昌东部的"宜昌砾石层"和长江武汉段北岸阳逻镇的"阳逻砾石层"为多。学者们在长江流域古砾石层的地质、地理分布、典型剖面特征、沉积相、沉积环境等方面做了系统的总结（李庭等，2010；张玉芬等，2014，田珺，2015），虽然在研究上仍存在诸多问题与争议，但是对长江形成、演化以及古环境变迁的研究具有重要的意义。梅惠等（2011）对武汉阳逻砾石层砾石进行了砾径、砾向、砾性及砾态的统计分析，并做了年代学研究，研究结果表明阳逻砾石层电子自旋共振（ESR）年龄为距今 1.12±11.0~1.81±18.0Ma 之前，为新近纪早更新世中晚期，其物质来源为长江搬运而来的远源物质；张玉芬等（2012）对南京地区雨花台砾石层做了地层序列、生物和年代地层学研究，ESR 年龄为距今 0.9~1.2Ma，为长江阶地沉积物，对长江的贯通具有重要的指示意义；康春国等（2014）研究了宜昌砾石层重矿物组合特征，主要以锆石—绿帘石—白钛石—赤褐铁矿—磁铁矿组合为主，与现代长江沉积物的重矿物组合相似，因此认为该砾石层是长江三峡贯通后形成的产物。

黄河阶地砾石层对黄河河道的变迁具有重要指示意义。王小燕等（2013）对晋陕峡谷北段保德—府谷地区唐县面上的砾石进行了砾组结构特征统计分析及年代学研究，表明该砾石层形成于距今 0.8Ma 之前，为中新世中期，此时该区已经出现一条规模较大的河流，是现代黄河贯穿前的一部分。王书兵等（2004）通过研究古三门湖的沉积判断晋豫间的三门峡基岩河谷贯通的时间，认为古三门湖的消亡时间即是黄河东流入海干流的形成时间。吕梁山前新生代砾石层是否是黄河阶地堆积物一直存在争议，李建星等（2009）通过研究吕梁山前冲积扇相砾石层的沉积特征，认为该地区砾石层是吕梁山新生代隆升剥蚀的产物，并不是由黄河搬运而来的堆积物。可见，由于采用的研究方法（沉积学、地貌学等）不同，黄河贯通的时间尚存在很大的分歧（潘保田等，2005；傅建利等，2013）。

青藏高原周缘砾石层有大邑砾岩、玉门砾岩、西域砾岩、积石砾岩、红河砾岩和西瓦里克砾石层等。这些砾石层被认为是新生代晚期青藏高原侵蚀速率加快的产物（王二七，2013；李吉均等，1979），对研究青藏高原的构造运动以及周缘古环境的演变具有重要的指示意义（秦大河等，2013；赵志军等，2001）。酒泉砾石层和玉门砾石层均位于河西走廊内，是青藏高原周缘凹陷盆地内的新生代沉积，其研究工作为青藏高原隆升研究提供了重要证据与指示。

综上所述，虽然针对山东风尘堆积中砾石层的研究较少，但是以往的研究提供了理论和技术方法的支持。如黄志强（1985）对山东祊河南侧新生代砾石层的分布、砾径、磨圆等特征进行了统计分析，并阐述了其形成的环境背景，对研究祊河流域地貌和新构造运动的发展过程具有重要指示意义。黄志强（1990）阐述了鲁南沿海海岸砾石层组构特征，根据其岩性、孢粉组合特征及年代学分析，认为其形成于全新世高海面时期。

四、研究目的、内容与方法

（一）研究目的

山东地区的风尘堆积具有不同于其他地区风尘堆积的突出特征，以往研究（刘东生，1965；山东省地质矿产局，1991，1996；李培英等，2008；张祖陆等，2004）及我们前期野外调查发现（徐树建，2012），在山东地区晚第四纪特别是末次冰期以来的风尘堆积中自西向东均存在一期或多期明显的砾石层，范围从泰鲁沂山（鲁中南山地）北麓到山东半岛山地丘陵北麓直至庙岛群岛等地。该砾石层成为山东地区风尘堆积区别于黄土高原典型黄土以及长江中下游下蜀黄土的一大突出特征。砾石层作为地球大气—土壤—水—岩石各圈层之间物质迁移过程中气候环境变迁的重要信息载体，对于地质地貌的演变以及气候环境变化具有重要的指示意义。因此，通过对山东地区自西向东典型风尘堆积剖面中砾石层的沉积特征、年代及物源分析，研究其物质来源及其搬运途径，建立砾石层精细的沉积年代序列，不仅可以揭示山东地区气候环境对全球变化的区域响应，探讨山东黄土堆积中砾石层的气候环境事件的指示意义，而且对认识山东风尘堆积的环境背景具有重要的作用。

（二）研究内容

前人对砾石层进行了大量的研究工作，并且在不断取得新的研究进展，又有新的研究方法与技术不断被利用。因此，砾石层作为地球表层不同地质营力作用的产物，其研究具有重要的理论意义与应用价值。山东地区风尘堆积中自西向东存在着一层明显的砾石层，其基本沉积特征是什么？该砾石层的沉积年代在何时？是否是黄河的冲积物？其环境意义又是什么？能否成为黄河贯通的标志？在光释光测年手段和碎屑锆石年代物源示踪技术条件下，利用光释光测年建立山东风尘堆积中砾石层的沉积年代序列，并通过沉积特征分析与碎屑锆石年代物源示踪，研究晚第四纪以来其物质来源与搬运动力及其方向，从而进一步探讨其对气候事件的指示具有重要意义。

1. 山东风尘沉积中砾石层沉积特征研究

对山东境内的风尘堆积中砾石层进行考察，编制柱状图与分布图。根据目前掌握的资料，拟选择山东内陆鲁中山地北麓章丘等地的风尘沉积中砾石层为典型剖面，对典型剖面中的砾石层沉积进行野外观察、测量、描述与记载，分析统计其砾径、砾向、砾性、砾态等特征，推测其搬运动力、古流向、物源及其搬运距离，研究该区晚第四纪以来风尘堆积中砾石层的空间变化规律及可能物质来源。

2. 砾石层沉积序列的光释光测年研究

采集紧邻沉积砾石层上部与下部的风尘堆积物进行光释光测年，从而确定砾石层沉积的准确年代界限，建立沉积年代序列。

3. 山东地区风尘沉积中砾石层的物源与环境指示意义研究

对典型剖面进行样品采集，采用碎屑锆石 U-Pb 定年与稀土元素、Hf 同位素组成的综合物源分析法，砾石层沉积特征等指标，建立山东风尘堆积中砾石层来源的碎屑锆石年代学、沉积学等系列判识标志。推断其地质搬运营力，通过与其他沉积记录的比对，探讨其对气候环境的指示意义。

（三）研究方法

1. 光释光测年

在暗室（照明光源为 $661\pm15nm$ 的发光二极管光源）进行，切开包装，保留中心部位未污染、曝光的样品供等效剂量测定，并取 20g 样品用于环境剂量率测定。样品在烘箱中低温（40℃）烘干，筛选出 90～300μm 的组分放在 1000mL 烧杯中，加 30% 的过氧化氢水溶液（H_2O_2）和 30% 的盐酸（HCl），去除样品中的有机质和碳酸盐类。反应充分后，加氨水中和，然后反复冲洗至中性，低温烘干。用 40% 的 HF 腐蚀 40 分钟以清除长石与受 α 照射的石英表层，再加 10% 的盐酸去除氟化物。待样品处理完，将提纯后的石英单层平铺小托盘上，每个托盘大约有几百个石英颗粒，制成测片待测。年代测试在丹麦产 RisØ DA-20-C/D 型释光自动测量系统上完成，激发光源为蓝光二极管。检验长石组分所用的红外激发波长为 830nm。光释光信号经由 7.5mm 厚的 HoyaU-340 滤光片进入 9235QA 光电倍增管内被探测并记录，人工辐照源为 90Sr/90Y。采用公式"年龄（A）= 等效剂量（DE）/环境剂量率（D）"计算光释光年代数据。

2. 粒度测试

粒度样品测试使用英国生产的 Mastersizer 2000 激光粒度仪，测试范围为 0.2~2000μm，相对误差小于 2%。取 0.3~0.4g 自然风干样品至 100ml 的烧杯中，加入 10ml 10% 的过氧化氢水溶液，将其放在电热板上加热至完全反应以去除有机质；再向烧杯中加入 10ml 10% 的盐酸溶液煮沸去除碳酸盐，待烧杯冷却后给烧杯注满蒸馏水，静置 12 小时后用橡胶管抽出上清液，以去掉 Ca^{2+}、H^+ 等絮凝性较强的离子；最后加入 10ml 10% 的分散剂六偏磷酸钠 [$(NaPO_3)_6$]，用超声波震荡 7min 后进行上机测量。

3. 磁化率测试

磁化率样品测试使用英国 Bartington 公司生产的 MS2 磁化率仪。先将样品在 35℃ 下烘干，然后用玛瑙研钵将样品磨成粉末状装进体积为 8cm³ 的磁学专用盒中压实，称取塑料盒中样品的质量并计算其密度，再将样品移至 MS2 磁化率仪测量低频（0.47 kHz）和高频（4.7 kHz）容积磁化率。所有样品重复测量 3 次，然后取其平均值为最后测量结果。通过测得样品的容积磁化率和密度计算出低频质量磁化率（χ_{hf}）、高频质量磁化率（χ_{lf}）和频率磁化率（χ_{fd}），计算公式为：$\chi_{fd} = (\chi_{lf} - \chi_{hf}) / \chi_{lf} \times 100\%$。

4. 色度测试

取 10g 左右样品放入 40℃ 的烘箱里烘干，然后用玛瑙研钵将样品研磨均匀至 200 目以下，将待测样品放于 Konica Minolta 公司生产的 CM-

700 d 分光测色计上进行测试，同一样品在不同区域测量 3 次取其平均值，使误差小于 0.07。其中测试参数为 CIED65 标准光源（色温为 6500K），观察视野为 10°，孔径为 8mm，色度值的标准差值 $\Delta E * ab$ 小于 0.04，仪器测量范围为 360~850nm，扫描间隔为 1nm，使用硫酸钡制作的标准白板，将样品放入模具中压实、抹平，放入仪器进行光谱扫描，得到每个样品的光谱曲线。

5. 砾石测量与统计

选用网格法（10cm×10cm）对砾石产状进行测量与统计。所谓网格法，就是在 10cm×10cm 的范围内选择有代表性的砾石剖面或露头面，进行顺序测量统计，除去特别大的和特别小的砾石，数量在 200 个左右则具有科学意义。在砾石测量时，首先使用手机 Geocompass 软件测量 ab 面产状，a 轴方位，然后使用游标卡尺依次测量砾石的 a、b、c 轴，确定磨圆度，最后观察砾石的成分和表面特征、风化程度（可打碎）。砾石测量的内容和记录格式见表前言-1。

表前言-1　砾石测量统计表

地点：　　　　时间：　　　　地貌位置：　　　　记录人：

编号	砾径（mm）			a 轴走向	ab 面产状		砾石成分	磨圆度					风化程度				其他
	a	b	c		倾向	倾角		0	1	2	3	4	I	II	III	IV	

目　　录

第一章 绪 论

第一节 地质历史背景

一、山东地区地质构造框架

山东地区位于 $34°23' \sim 38°17'$N，$114°48' \sim 122°42'$E 之间，境域包括半岛和内陆两部分。胶东半岛突出于渤海和黄海之间，与朝鲜半岛、日本列岛隔海相望，北隔渤海海峡与辽东半岛相对；内陆部分自北向南与河北、河南、安徽、江苏四省接壤。全境南北最宽处约 420km，东西最远距离约 700km，陆地总面积约 15.58 万 km^2。

山东省的地势总体上呈现西南高东北低的趋势，地形以丘陵和平原为主。其中，山地丘陵区约占全省总面积的 34.34%，平原盆地区约占 64.59%，河流湖泊区约占 1.07%。主要山脉如泰山、沂山、蒙山等分布于鲁中南山地丘陵区和鲁东丘陵区。泰山是山东省的最高点，主峰海拔 1532.7m，而最低处是黄河三角洲，海拔仅为 2~10m。

（一）地质构造特征

山东地区的地质构造受多种板块运动和地质作用的影响，形成了复杂多样的地质构造格局。地质构造主要可以分为褶皱构造和断裂构造，以及受这些构造影响的盆地和山脉等地貌特征。

1. 褶皱构造

褶皱构造是地壳在受到挤压作用下发生塑性变形的结果，形成了一系列的背斜和向斜。在山东地区，虽然褶皱构造不如断裂构造发育显著，但仍在部分地区有所表现。例如，在鲁中南地区，早前寒武纪的花岗质片麻岩和片麻状花岗岩等岩层的分布就呈现出一定的褶皱特征。

2. 断裂构造

断裂构造是山东地区地质构造的主要特征之一，主要包括正断层、逆断层和平移断层等类型。受太平洋板块向北西西扩张及印度洋—澳大利亚板块向北运移的影响，山东地区形成了多条主要断裂带，其中沂沭断裂带、聊考断裂带等是最具代表性的。

沂沭断裂带是山东地区最为显著和重要的构造带之一，它几乎纵贯全省，全长 300 多 km，是华北板块与扬子板块碰撞及后期太平洋板块俯冲作用影响下的重要产物。该断裂带由多条近平行的断裂组成，主要包括郯庐断裂（沂水—汤头段）、安丘—莒县断裂、昌邑—大店断裂等，这些断裂在地质历史上经历了多次活动和改造，对山东地区的地质构造格局和矿产资源分布产生了深远影响。沂沭断裂带不仅是一条深大断裂，还是一条重要的岩浆活动带。沿断裂带分布着大量的中生代岩浆岩，包括花岗岩、闪长岩、辉长岩等，这些岩浆活动往往与金属矿产的形成密切相关。此外，断裂带还控制着盆地和隆起的形成，对水文地质条件和工程地质特征也有显著影响。

聊考断裂带是山东西部地区另一条重要的构造带，北起聊城，南至河南考城附近，全长 200 多 km。该断裂带主要由一系列北东向断裂组成，具有长期活动性和多期次活动的特点。聊考断裂带不仅控制着鲁西地区的构造格局，还对地震活动、地下水资源分布等方面产生影响。在地震活动方面，聊考断裂带是山东地区地震活动较为频繁的区域之一。历史上曾多次发生中强地震，给当地人民的生命财产安全带来严重威胁。因此，对该断裂带的研究和监测具有重要意义。

胶南—威海断裂带是山东半岛东部地区的主要构造带，它北起胶南地区，南至威海附近，全长约 250 多 km。该断裂带主要由一系列北东向断裂组成，与沂沭断裂带在胶南地区交汇。胶南—威海断裂带的形成和发展与太平洋板块向欧亚板块俯冲作用密切相关，是中生代以来山东半岛地区构造演化的重要体现。该断裂带不仅控制着半岛地区的构造格局和地貌形态，还对矿产资源的分布和成矿作用产生影响。沿断裂带分布着大量的金属矿产和非金属矿产，如金、银、铜、铁、石墨等。此外，断裂带还影响着地下水的运移和储存条件，对当地的水文地质特征具有重要意义。

3. 构造分区

根据地质构造特征和地层发育情况，山东地区可以分为鲁东、鲁中南和鲁西北—鲁西南三个构造区。

鲁东构造区位于沂沭断裂带以东，包括烟台、青岛、威海等地。该地区的地层发育相对较为简单，以中生代花岗岩为主，且缺失古生代石灰岩、白云岩及页岩地层。此外，莱阳盆地一带还发育有白垩纪火山岩及火山沉积岩。

鲁中南构造区位于鲁东构造区以西，以中低山丘陵为主，主要包括泰安、蒙山等地。该地区的地层主要由早前寒武纪花岗质片麻岩和片麻状花岗岩构成，地质构造复杂，是山东地区地震和地质灾害的频发区。

鲁西北—鲁西南构造区主要包括鲁北、鲁西北和鲁西南平原地区，地势平坦，地层以新生代第四纪松散沉积层为主。该地区的地质构造相对稳定，是山东省重要的农业和经济发展区域。

（二）地层发育

山东地区的地层发育较为齐全，自中太古代至新生代地层均有分布。地层出露以中、新生代地层为主，其次为古生代地层，元古宙地层分布局限，太古宙地层零星出露。

1. 太古宙地层

山东地区最古老的地层形成于中太古代，主要为沂水岩群和唐家庄岩群。这些地层是遭受麻粒岩相变质的火山—沉积岩系，出露面积较小，多呈岛状、透镜状或不规则条带状包体产于早前寒武纪花岗岩中。

2. 元古宙地层

元古宙地层在山东地区的出露相对局限，但具有重要的地质意义。主要包括古元古代和新元古代的地层。

古元古代地层主要包括荆山群、粉子山群、胶南群和芝罘群等。这些地层主要以高铝片岩、含石墨岩系和碳酸盐岩为特点，经历了绿片岩相至角闪岩相的变质作用。荆山群和粉子山群广泛分布于鲁东地区，而胶南群则主要分布在胶南造山带内，是研究元古代地质演化的重要窗口。

新元古代地层主要包括土门群、蓬莱群和震旦系等。这些地层以浅海相碎屑岩、碳酸盐岩及泥质岩为主，部分地层中含有丰富的古生物化石。土门群和蓬莱群在鲁东和鲁东南地区有广泛分布，是研究新元古代地质环境和生物演化的重要依据。

1）古生代地层

古生代地层在山东地区发育较为完整，包括寒武系、奥陶系、石炭系和二叠系等。

（1）寒武系主要分布在鲁东和鲁中南地区，以浅海相碳酸盐岩为主，含有丰富的三叶虫等古生物化石。寒武系地层在山东地区具有重要的地层对比和古生物研究价值。

（2）奥陶系在山东地区广泛分布，但厚度变化较大。主要以浅海相碳酸盐岩为主，部分地区含有生物礁和灰岩透镜体。奥陶系地层记录了古生代海平面变化和生物演化的重要信息。

（3）石炭系主要分布在鲁西和鲁西南地区，以海陆交互相沉积为主，包括中石炭世本溪组和上石炭世太原组。石炭系地层中含有丰富的煤层和植物化石，是研究古气候和古植被的重要资料。

（4）二叠系在山东地区出露较少，主要分布在鲁西地区。以陆相碎屑岩为主，夹有煤层和火山岩。二叠系地层记录了古生代末期的地质事件和生物演化历程。

2）中生代地层

中生代地层在山东地区发育较为广泛，包括三叠系、侏罗系和白垩系等。这一时期的地质活动频繁，岩浆活动和构造变形强烈，形成了众多重要的地质遗迹和矿产资源。

（1）三叠系在山东地区出露较少，主要分布在鲁西和鲁西南地区。以陆相碎屑岩为主，夹有煤层和火山岩。三叠系地层记录了中生代早期的地质环境和气候特征。

（2）侏罗系在山东地区有广泛分布，尤其是在鲁西和鲁中地区。以中酸性火山岩和火山碎屑岩为主，夹有陆相碎屑岩和煤层。侏罗系地层中发现了丰富的恐龙化石和其他古生物遗迹，是研究中生代生物演化的重要依据。

（3）白垩系是山东地区中生代地层中最发育的一套地层，广泛分布于沂沭断裂带两侧和鲁西地区。以中基性火山岩和火山碎屑岩为主，夹有陆相碎屑岩和含煤地层。白垩系地层中富含石油、天然气和矿产资源，是山东地区能源和矿产资源的重要产地。

3）新生代地层

新生代地层在山东地区广泛分布，以第四纪松散沉积层为主。这些地层记录了新生代以来的气候变化、构造活动和人类活动等信息。

第四纪是地球历史上最近的一个地质时期，包括更新世和全新世两个阶段。在山东地区，第四纪地层以河流相、湖泊相、海相和冲洪积相等沉积类型为主，广泛分布于平原和河谷地区。这些地层中含有丰富的古生物化石、古土壤层和古气候记录等信息，是研究新生代环境变化和人类活动的重要资料。

（三）地质遗迹

山东地区地质遗迹丰富多样，包括地层剖面、古生物化石、构造形迹、岩溶地貌、火山岩景观等多种类型。这些地质遗迹不仅具有重要的科学研究价值，还是开展地质旅游和科普教育的重要资源。

1. 地层剖面

泰山地区的中太古代地层剖面、淄博地区的古生代地层剖面等，为研究地壳演化和古生物演化提供了重要依据。

2. 古生物化石

山东地区发现了大量的古生物化石，包括三叶虫、恐龙蛋化石、鱼类化石等。这些化石记录了生物演化的历程和地质历史的变化。

3. 构造形迹

沂沭断裂带、聊考断裂带等构造形迹不仅具有重要的地质意义，还形成了独特的地貌景观和旅游资源。

二、第四纪地质发展简史

第四纪是地质历史中最近的一个纪，距今约 260 万年。这一时期以人类出现和气候、环境的显著变化为标志。第四纪期间，地球经历了多次冰川活动、海平面升降、气候变化和构造运动，形成了丰富的地质遗迹和自然资源。

（一）第四纪地质特征

1. 沉积物与地层

第四纪地层主要由河流沉积物、湖泊沉积物、海相沉积物及风成沉积物等构成。这些沉积物记录了第四纪期间的气候变化、环境演变和构造活动。例如，河流沉积物反映了河流的侵蚀、搬运和沉积作用；湖泊沉积物则记录了湖泊的形成、演化和消亡过程；海相沉积物则揭示了海平面的变化和海洋生物的演化；风成沉积物则记录了干旱气候条件下的风力沉积作用。

2. 冰川遗迹

在第四纪期间，高纬度地区发生了多次冰川活动，形成了广泛的冰川遗迹。这些遗迹包括冰川擦痕、冰碛物、冰川漂砾等，它们不仅记录了冰川的规模和运动方向，还揭示了冰川对地球表面的侵蚀和堆积作用。

3. 构造运动

第四纪期间，地球构造活动频繁，表现为地震、火山喷发、地壳升降等现象。这些构造运动不仅塑造了现代地貌，还影响了地下水、地热资源等自然资源的分布和变化。例如，陆地上新的造山带如阿尔卑斯山、喜马拉雅山等就是第四纪构造运动最剧烈的一些地区。

（二）第四纪重要事件

1. 气候变迁

第四纪期间，地球气候经历了多次冷暖交替的变化。这些气候变化不仅影响了生物群落的分布和演替，还导致了沉积环境的变迁和地貌的演化。例如，在冰期时，全球气温下降，海平面下降，冰川扩张；而在间冰期时，全球气温上升，海平面上升，冰川退缩。这种气候的冷暖交替对地球生态系统产生了深远影响。

2. 海侵与海退

第四纪期间，海平面发生了多次升降变化，导致了海侵和海退现象的交替出现。这些现象不仅影响了海岸线的变迁和地貌的塑造，还导致了沉积物的堆积和生物群落的更替。例如，在冰期时，由于海平面下降，大量海水退出陆地形成陆架荒漠；而在间冰期时，随着海平面的上升，海水重新淹没这些地区形成新的海洋环境。

3. 人类出现与演化

第四纪是人类出现和演化的关键时期。在这一时期，人类的祖先逐渐从猿类演化而来，并学会了使用工具和使用火等技能。随着人类文明的兴起和发展，人类活动逐渐改变了自然环境的面貌，并留下了丰富的文化遗产和历史遗迹。

（三）第四纪地质研究的意义

第四纪地质研究对于理解地球历史、预测未来气候变化、指导资源开发与利用以及保护文化遗产等方面具有重要意义。通过对第四纪沉积物、生物化石、气候记录等的研究，科学家们可以重建地球历史时期的环境和气候状况，为预测未来气候变化提供基础数据；同时，这些研究还可以指导矿产资源的勘探和开采、地下水的开发和利用以及地质灾害的防治等工作；此外，对于文化遗产的保护和历史研究也具有重要意义。

第二节　风尘堆积概述

一、风尘堆积的定义与分类

风尘堆积是一个复杂而广泛的地质现象，它涉及风力对地表物质的搬运、沉积和改造过程。这一过程在干旱、半干旱地区尤为显著，对于理解地球表面的地貌演化、环境变迁以及土壤发育等方面具有重要意义。

（一）风尘堆积的定义

风尘堆积，又称风成堆积或风积地貌，是指沙粒、粉粒和黏粒等细粒物质在风力作用下被搬运并在特定地区沉积下来的地质过程及其产物。这些细粒物质主要来源于干旱、半干旱地区的物理风化产物，通过风力的作用，在空中形成风沙流，当风力减弱或遇到障碍物时，风沙流中的物质便沉积下来，形成各种风积地貌，如沙丘、沙漠、黄土等。

（二）风尘堆积的分类

风尘堆积根据其成因、形态和分布特点，可以细分为多个类别。

1. 按地貌形态分类

1）沙丘

沙丘是风沙流在地表堆积塑造的最典型的地貌类型。根据沙丘的形状、移动性和分布特点，可以进一步细分为新月形沙丘、横向沙丘、纵向沙丘等。新月形沙丘是最常见的沙丘类型，其形状如新月，通常出现在风力较为稳定、风向单一的环境中。横向沙丘则是在风力作用下，在垂直风向的方向上延伸形成的。纵向沙丘则与风向平行，多出现在风力强大或沙源较少的地区。

2）沙漠

沙漠是风沙堆积形成的广袤地区，通常具有干旱、植被稀少、风沙活动频繁等特点。根据沙漠的物质组成和成因，可以进一步细分为砂质沙漠、砾质沙漠和石质沙漠。砂质沙漠主要由沙粒组成，如中国的塔克拉玛干沙漠；砾质沙漠则主要由砾石组成，如非洲的撒哈拉沙漠部分地区；石质沙漠则主要由石块和岩石碎片组成，多见于高山或干旱河谷地区。

3）黄土

黄土是一种特殊的风尘堆积物，主要由粉粒和黏粒组成，颜色多为黄色或淡黄色。黄土广泛分布于中国黄土高原、中亚地区以及欧洲等地。黄土的形成与风力搬运和沉积密切相关，是物理风化物在风力作用下远距离搬运并在特定地区沉积的结果。黄土具有颗粒细小、质地疏松、无层理结构等特点，对土壤发育和农业生产具有重要影响。

2. 按成因分类

1）原生风尘堆积

原生风尘堆积是指直接由风力搬运并沉积下来的物质形成的堆积体。这类堆积体通常未经过后期改造或改造程度较低，保留了较多的原始特征。如沙丘、沙漠等就是典型的原生风尘堆积体。

2）次生风尘堆积

次生风尘堆积是指原生风尘堆积体在后期地质过程中受到改造而形成的堆积体。这类堆积体通常具有更复杂的结构和成分特征。如黄土在堆积过程中会受到流水、风化、成壤等多种作用的影响，形成具有层次结构和多种矿物成分的复杂堆积体。

3. 按来源分类

1）来自沙漠地区的风尘堆积

这类风尘堆积物主要来源于干旱、半干旱地区的沙漠地带。沙漠地区的物理风化作用强烈，加之风力作用活跃，形成了大量的风沙流。这些风沙流在风力减弱或遇到障碍物时沉积下来，形成了沙漠及其周边的风尘堆积体。

2）来自冰川外围的风尘堆积

在冰川外围地区，由于冰川作用形成的碎屑物质在风力作用下被搬运到更远的地方沉积下来。这类风尘堆积物通常具有冰碛物的特征，如颗粒大小混杂、磨圆度差等。

3）来自高山地区的风尘堆积

高山地区由于地形起伏大、风力作用强烈，也是风尘堆积物的重要来源之一。这类风尘堆积物通常具有较高的搬运距离和较大的粒径范围，对山区的地貌演化和土壤发育具有重要影响。

二、全球风尘堆积系统

（一）风尘堆积的形成机制

风尘堆积的形成是一个复杂的地质过程，涉及风力作用、地表物质性质、地形条件等多个因素。

1. 风力作用

风力是风尘堆积形成的主要动力来源。当风力扬起地表的细粒物质并形成风沙流时，这些物质便开始在空气中传播。随着风力的减弱或遇到障碍物（如地形起伏、植被等），风沙流中的物质便沉积下来形成堆积体。风力的强弱和风向的变化对风尘堆积的形态和分布具有重要影响。

2. 地表物质性质

地表物质的性质也是影响风尘堆积的重要因素之一。不同的物质具有不同的粒径、密度、形状和磨圆度等特征，这些特征决定了它们在风力作用下的搬运能力和沉积方式。一般来说，粒径较小、密度较轻、形状较为规则的颗粒更容易被风力搬运并在远距离处沉积。相反，粒径较大、密度较重、形状不规则的颗粒则更容易在近源地区沉积或保留在原地。

3. 地形条件

地形条件对风尘堆积的形成和分布具有重要影响。在平坦开阔的地区，风力作用相对均匀，风沙流能够顺畅地传播并在远处沉积，从而形成广袤的沙漠或沙丘。而在地形起伏较大的地区，如山区或河谷地带，风力作用会受到地形的阻碍和改变方向，导致风沙流在局部地区沉积或形成特定的地貌特征，如风口、风蚀谷等。

4. 气候条件

气候条件也是影响风尘堆积的重要因素之一。干旱、半干旱地区的气候条件有利于风沙的扬起和传输，因为这些地区降水稀少、植被覆盖度低、地表裸露度高，使得风力能够直接作用于地表物质。而在湿润地区，由于降水丰富、植被茂盛，地表物质不易被风力扬起，因此风沙堆积现象相对较少。

（二）全球风尘堆积的分布特征

全球风尘堆积的分布具有显著的地理特征和空间差异。根据不同区域的气候条件、地形地貌及地质背景，风尘堆积的类型、规模及分布范围各不相同。

1. 亚洲内陆沙尘源区

亚洲中部沙漠，如塔克拉玛干沙漠、古尔班通古特沙漠等，是全球著名的沙尘源区。这些地区气候干旱、植被稀少、地表松散物质丰富，极易形成大规模的风尘堆积。每年，大量的沙尘粒子被强风吹起，穿越高山、河谷，甚至远达太平洋等地，对全球气候和环境产生深远影响。

2. 北美与非洲沙尘源区

除了亚洲内陆外，美国西南部的莫哈韦沙漠、非洲北部的撒哈拉沙漠等也是重要的沙尘源区。这些地区的沙尘暴活动频繁，沙尘粒子被风力搬运至大西洋、地中海等地，参与全球物质循环和能量交换。

3. 中国风尘堆积分布

在中国，风尘堆积广泛分布于北方地区，尤其是黄土高原。黄土高原的黄土堆积记录了第四纪以来气候变化和环境变迁的详细信息，成为研究古气候、古环境的重要载体。此外，在中国东部和南部地区，也分布着一定规模的风尘堆积，如长江中下游地区的下蜀土等。这些堆积物不仅记录了区域气候环境的变化，还反映了季风环流对风尘堆积的影响。

（三）风尘堆积的影响因素

风尘堆积的形成和演化受到多种因素的影响，这些因素相互作用、相互制约，共同塑造了地球表面的风积地貌。

1. 自然因素

1）风力

风力的强弱和风向的变化是影响风沙堆积的主要因素。风力越强，能够搬运的颗粒粒径越大，沉积范围也越广；风向的变化则会影响风沙流的传播方向和沉积位置。

2）气候

气候的干湿变化直接影响地表植被的生长和覆盖度，进而影响风沙的扬起和沉积。干旱气候有利于风沙的扬起和传输，而湿润气候则不利于风沙的堆积。

3）地形

地形的起伏和形态会影响风力的传播和风向的改变，从而影响风沙的沉积位置和形态。

4）植被

植被对风沙的阻挡和固定作用显著。植被的覆盖度越高，风沙的扬起和传输就越困难；植被的根系还能稳固地表土壤，减少风蚀和水蚀的发生。

2. 人为因素

1）过度放牧

过度放牧会导致地表植被严重破坏，土壤裸露度增加，进而加剧风沙的扬起和传输。

2）不合理开垦

在干旱、半干旱地区进行不合理开垦会破坏地表植被和土壤结构，降低土壤抗风蚀能力，加剧风沙灾害的发生。

3）水资源不合理利用

水资源的过度开采和不合理利用会导致地下水位下降、土壤干旱化加剧和植被退化等问题，进而影响风沙的堆积和分布。

4）工业化和城市化

工业化和城市化进程中的建筑活动、道路修建等会产生大量粉尘和废弃物排放到空气中，增加空气中颗粒物的浓度和种类，对风尘堆积产生一定影响。

（四）风尘堆积的研究意义与展望

风尘堆积作为地球表层系统中的重要组成部分，其研究对于理解全球气候、环境演变及人类活动具有重要意义。

1. 研究意义

1）古气候、古环境重建

风尘堆积中保存了大量的气候、环境信息，是重建古气候、古环境的重要载体。通过对风尘堆积物的详细研究，可以揭示历史时期的气候变化规律和环境演变特征。

2）环境预警与治理

风尘堆积对现代气候、环境及人类活动具有显著影响。通过深入研究风尘堆积的形成机制、分布特征及环境效应等，可以为环境预警、治理及防灾减灾提供科学依据。

3）促进学科交叉与融合

风尘堆积研究涉及地质学、气象学、生态学、环境科学等多个学科领域。通过学科交叉与融合，可以更加全面地揭示风尘堆积系统的复杂性及其与地球系统其他部分的相互作用。

2. 研究展望

1）高分辨率时间尺度研究

未来研究将更加注重高分辨率的时间尺度，如利用高精度测年技术（宇宙成因核素测年、光释光测年等）来精确确定风尘堆积物的年龄，从而更准确地重建短时间尺度内的气候环境变化历史。

2）多源数据融合分析

随着遥感技术、地理信息系统（GIS）以及大数据技术的发展，未来风尘堆积研究将更加注重多源数据的融合分析。通过整合卫星遥感数据、地面观测数据、数值模拟结果等多种信息源，可以更加全面地揭示风尘堆积的时空分布特征及其与气候、环境的相互作用机制。

3）区域协同与国际合作

风尘堆积是一个跨国界、跨区域的自然现象，其研究需要各国科学家的紧密合作与交流。未来研究将更加注重区域协同与国际合作，通过共享数据、联合研究、共同发表成果等方式，推动全球风尘堆积研究的深入发展。

4）气候变化背景下的风尘堆积研究

在全球气候变化的背景下，风尘堆积系统的响应和反馈机制成为研究热点。未来研究将重点关注气候变化对风尘堆积源区、搬运路径及沉积区的影响，以及风尘堆积对气候变化的正负反馈作用，为应对气候变化提供科学依据。

5）风尘堆积与人类社会可持续发展

风尘堆积不仅是一个自然现象，还直接关系到人类社会的可持续发展。未来研究将更加注重风尘堆积对农业生产、水资源管理、生态环境保护以及人类健康等方面的影响，探讨如何通过科学管理和技术创新来减轻风尘堆积带来的负面影响，促进人类社会的可持续发展。

第三节　砾石层沉积特征研究的重要性

一、砾石层作为古环境指示物的价值

在土壤学上，砾石层一般是指土壤剖面内夹有厚度大于10cm、砾石含量大于30%的土层，地质时期沉积的砾石层按成因主要分为冰碛砾石、河流砾石、湖相砾石、海滩砾石、泥石流砾石、滑坡及崩塌砾石等。砾石层是历史时期在某种堆积营力作用下形成的产物，记录了丰富的环境和气候信息，通过研究砾石层的沉积特征可以还原堆积过程、重塑环境演化历史，因此，砾石层成为研究古气候、古环境演化的重要依据。

（一）地层层序研究

地层层序的划分与建立是地质学问题研究的基础，是依据岩石地层、地貌地层、磁性地层和年代地层等方面的特征而建立的。由于划分的依据不同和砾石层本身的复杂性，有些地层层序的建立尚存在较大争议，如南京雨花台砾石层（于振江等，2006；韩志勇等，2007；邵家骥等，2008）。但是，随着前人的进一步研究，山东地区的地层层序逐渐明朗。《山东省岩石地层》一书中，依据现代地层学"岩石地层单位"概念，针对第三纪—第四纪地层具体情况、存在问题，将山东岩石地层划分为老第三纪（3 群 11 组）、新第三纪（2 群 7 组）、第四纪（18 组）（山东省地质矿产局，1996）。王海峰等（2016）根据沉积物粒度、微体古生物、^{14}C 等资料说明，鲁北平原晚第四纪地层结构和沉积类型主要受黄河改道和海水进退的影响，晚更新世晚期以来的沉积演化过程为第 I 期古河道—第 II 期古河道和湖沼沉积—第 III 期古河道和现代黄河三角洲。谭征兵等（2000）将上新世巴漏河组剖面进行了细分，认为该剖面自下而上可分为 6 个层段。地层划分是研究地球、岩石、岩性的基础，也是研究岩石、岩性的结果，对一个地区的地层剖面进行划分，建立地层层序，不仅对研究砾石层沉积特征提供有力的帮助，而且对研究砾石层的物质来源具有重要的指示意义。

（二）沉积特征的研究

砾石层沉积特征指标的研究是提取其环境信息最基础、最直接有效的方法（马永法等，2009）。通过对砾石层进行野外观察、测量、描述与记载，分析统计其砾径、砾向、砾性、砾态等沉积特征，推测其搬运动力、古流向、物源及其搬运距离，探究砾石层的空间变化规律及可能物质来源。Miao 等（2008，2010）根据砾石岩性确定了湟水流域 T0—T3 和 T7 阶地有不同的物源区，通过统计砾石的 a 轴（长轴）、b 轴

（中轴）、c 轴（短轴）的长度再现了湟水的水动能变化，利用砾石的 ab 面走向绘制玫瑰花图证实了湟水流向的改变；刘运明等（2007）统计分析保德至克虎段不同地点砾石的岩性、粒度及产状，认为 T7 阶地上物源从上游向下游逐渐变远，且认为该阶地为南北河流所冲击形成的。黄宁生（1993）通过对阳逻地区砾石层的砾石组构特征的统计分析，结合砾石层的年代资料，认为该区砾石层的物质来源为大别山南坡古河流冲积物。砾石层的沉积特征指标是研究区域环境演变最直接、直观的证据，也是反映区域地质地貌演变最有效的证据。针对山东地区风尘堆积中的砾石层进行沉积特征指标的研究，可以分析砾石的物质来源、地表河流的水动力、流向等问题，解析了山东地区地质地貌过程和古河道变迁的信息。

（三）砾石层成因研究

砾石层成因的研究是砾石层研究的首要问题。地质时期砾石层的成因类型多样，主要是在冰川、水动力和重力等作用下形成的。其中，河流相砾石层占绝大多数。有关砾石层成因的研究一直存在较大的分歧。如吕梁山前新生代砾石层是否是黄河阶地堆积物一直存在争议（李建星等，2009）。砾石层成因的研究对地质营力、搬运动能、气候环境事件、地貌演化、水系变迁甚至冰川发育等问题的研究具有重要的指示意义。崔志强等（2009）通过分析川西凹陷地区更新统砾石层的宏观形态和沉积特征，发现该砾石层在平面上均呈现扇形且多级阶地，属河流相冲洪积砾石；张倬元等（2000）应用沃克划分砾岩成因类型的组构标志，认为丹棱—思濛砾石层为河流相沉积，利用砾石的岩性特征证明该砾石层的物源区为青衣江流域；徐建辉等（1987）分析了太白山北麓砾石层的沉积特征，认为该砾石层为山麓洪积和山区河流沉积物，物源区为秦岭北麓。

（四）沉积年代研究

沉积年代的研究是砾石层研究的关键问题。通过测量砾石层年代，不仅可以判断砾石层所指示的地貌演变、气候事件的时间，还可以依据测年结果判断砾石层形成时期地貌演化的大体过程。近年来关于砾石层沉积年代的方法主要有热释光（TL）（李虎侯，1985；王文远，刘嘉麒，2000）、光释光（张克旗等，2015；Shen, et al., 2015）、电子自旋共振法（胡晨琦等，2017；张威等，2017）以及古地磁方法（王洪浩等，2016；孙蕗等，2010）等。王令占等（2012）对鄂西清江中上游高海拔砾石层进行了 ESR 测年，认为现代清江水系形成于中更新世，并认为长江三峡贯通的时间可能要稍早于清江。李启文等（2016）运用沉积物碎屑锆石 U-Pb 定年手段对阳逻砾石层进行了年代学研究，结合传统的地貌学及沉积学理论，探讨了阳逻砾石层的物源问题。Neudorf 等（2014）利用光释光测年法测量了印度中央邦最新沉积的多巴火山凝灰岩，分析了该地区沉积凝灰岩对古环境的指示意义。尹功明等（2013）对甘肃与宁夏交界的沙坡头大弯地区最高阶地砾石层进行了光释光测年和 ESR 测年，并通过两种方法的比较，认为光释光测年较 ESR 测年技术更为成熟。各种测年技术逐渐成熟，测得的年代数据得到越来越多学者的认可。有关山东地区风尘堆积中砾石层的年代学研究，风成沉积物提供了测年的物质基础，根据砾石层上下部风尘堆积的年龄确定砾石层的年代界限是简单有效的方法之一，为建立沉积年代序列提供了重要的年代信息。

（五）沉积环境研究

沉积环境研究是在沉积特征指标、年代学、地球生物化学研究的基础上进行的综合分析，恢复风尘堆积中砾石层的沉积过程，重塑风尘堆积中砾石层的环境演化历史。孢粉是生态环境演化中生物种类、数量的直接生物证据（张增奇等，2016；许耀中等，2017）；粒度和磁化率是认识季风变迁的直接物理证据；地球化学元素是冷暖干湿状况的直接化学证据。它们对建立区域降水或湿度状况的时空变化特征，认识季风变迁的过程、规律以及未来发展趋势等具有重要的意义。谭征兵等（2000）利用孢粉组合特征和岩石化学特征，再现了淄博东巴漏河地区上新世气候暖湿—冷湿—干冷的气候变化趋势。胡春生等（2016）通过对青弋江泾县段阶地砾石层的砾组结构的统计分析，探究了青弋江的水动力、古流向等问题，认为砾石层沉积水动力较强，自南而北流，其沉积环境相对比较稳定。风尘堆积沉积环境的研究是重建区域内某一时期气候系统的过程，砾石层沉积环境的研究是展现区域内某一年代界限内地表的地质学过程，风尘堆积沉积环境是砾石层沉积的环境背景，砾石层沉积环境指示风尘堆积沉积，两者相辅相成，互为补充，互为响应，是砾石层研究中重要的部分之一。

二、研究现状与挑战

（一）研究进展

1. 砾石层地层层序的划分

当今地质学问题研究的基础是地层层序的划分与建立，对于砾石层研究的基本问题也是地层层序的划分。

南京雨花台砾石层地层层序争议颇大。在早期的研究中，这套沙砾层被笼统地称为雨花台砾石层（韩志勇等，2009）。但是随着对其进一步的深入研究，这套沙砾层无论从岩性、岩相、剖面特征，还是其分布地貌部位和形成时代均存在着很大的差异。基于以上发现，20世纪70~90年代"雨花台砾石层的地层层序的划分与建立"成为研究热点。毕治国等（1977）结合收集到的哺乳动物化石的研究，对南京附近的砾石层进行划分并建组：洞玄观组（中中新世），六合组（下上新统）、小盘山玄武岩组（下或中上新统）、黄岗组（中上新统）、尖山玄武岩组（中或上上新统）。林仲秋等（1986）认为雨花台砾石层具有可分性，即南花台组下部、雨花台组上部。下部形成时代是晚上新世，上部形成早于中更新世，它们之间隔着一个侵蚀面，这表明沉积有间断。

自 21 世纪以来，虽然南京附近的"雨花台砾石层"依然是科学研究的热点，但是在地层划分与建组方面仍没有形成统一的看法，分歧和争议依然很大。韩志勇等（2012）认为南京附近地区的砾石层分为 3 个组：洞玄观组（江宁方山，浦口江浦砂矿）、六合组（六合灵山）、雨花台组，其中洞玄观组时代最老，其次是六合组，雨花台组时代最年轻。邵家骥等（2008）认为南京—六合地区新近纪沙砾层由洞玄观组（江宁方山及江浦浦口）、六合组（六合灵山）、黄岗组（六合马集一带）及雨花台组（仅征小河口）等 4 套砾石沉积地层组成。岳文浙等（2009）通过对南京附近砾石层沉积特点，构造以及具体剖面结构分析，将其划分为两个组，即雨花台组以及方山组，并根据砾石层中的生物化石以及测年数据分析，认为雨花台组形成于早中新世晚期至中中新世早期。

由于地层本身在形成过程中具有差异性和不完整性，从而导致人们目前不能全面了解青藏高原隆升过程古地理环境的变化及其不均匀性。为此，李勇等（2002）试图在青藏高原东缘关键地区寻找对青藏高原隆升过程具有重要指示意义并完整记录和保存了高原隆升的相关地层，对龙门山—锦屏山冲断带内和前缘地区新生代地层分布（其中包括大邑砾石层与雅安砾石层等）的特征分析，认为可将该区新生代地层划分为 5 个构造层，最终得出结论目前在该地区很难找到完整连续的新生代地层记录。

2. 砾石层物质来源研究

砾石层物源的研究不仅可以解决砾石层中物质来源的问题，而且对于研究砾石层形成过程中的古地理环境的演化具有十分重要的价值。李长安等（2006）通过对宜昌地区砾石层的岩石矿物成分以及剖面结构等展开系统研究，分析认为该区砾石层上部、中部与上部物源存在明显差异，推测这是长江水系物源变化所引起的。此外，部分物源是三峡贯通川西物质进入所引起的，由此认为该区砾石层是长江三峡的贯通的产物。黄宁生等（1993）通过对阳逻地区砾石层的砾石组分、剖面特点和地貌概况进行系统的研究，并对所获得的统计资料以及砾石层的年代资料综合分析，认为该区砾石层均发源于大别山南坡的古河流冲击物。张勇等（2009）通过对南昌地区砾石层的磁性特征的研究，分析认为三峡贯通是川西物质进入所引起。邓健如等（1987）通过对砾石层岩组和岩相以及区域地质地貌的综合分析，发现砾石中有相当部分的再生砾石，认为碎屑物主要来自大别山南麓。刘训等（2002）对新疆西昆仑山前柯克亚剖面第四系磨拉石进行了砾石测量和统计，表明砾石的物源区主要是由中、新元古界、古生界和中生界的沉积岩系组成的，与现代地表在铁克里克及西昆仑出露的大套变质岩系具有明显不一致，以此分析反映青藏高原所经历的隆升和剥蚀过程。

3. 砾石层的年代研究

砾石层年代测量方法多样，有热释光、光释光、电子自旋法以及磁性地层学定年法等。在对砾石层进行年代研究过程中，前人利用各种方法做了大量研究。但是，测量结果并没有系统的统一，只是各抒己见。

1）电子自旋共振

电子自旋共振又称为电子顺磁共振，它是一种微波吸收光谱技术，用来检测和研究含有未成对电子的顺磁性物质（刘春茹等，2013）。梅惠等（2009）采用 ESR 法对武汉阳逻砾石层进行新的年代地层学研究，电子自旋共振法测年数据结果与前人的热释光测年数据具有较好的一致性，该砾石层形成于新近纪早更新世中晚期。王令占等（2012）对鄂西高海拔砾石层进行了电子自旋共振法测年，测年结果表明，清江中游建始、巴东地区高海拔砾石层形成于早更新世末中更新世初（677±67）～（789±78）ka，上游利川地区高海拔砾石层形成于中更新世中期（371±37）～（551±55）ka。

2）地磁磁学

近年来，利用地磁磁学对砾石层进行定年研究的也比较多。潘保田等（2005）对河南扣马黄河最高阶地砾石层进行了磁性地层研究，并与黄土、古土壤系列进行对比研究，认为现代黄河东流入海的格局至少在 1.165Ma 前就出现了。赵希涛等（2012）通过对望江楼组湖相沉积的磁性地层学研究，结果表明望江楼组形成于 4.2～4.6Ma 的上新世中晚期，并与前人的研究结果相吻合，研究结果为讨论青藏高原到底是从第四纪时期，还是从更早的新近纪已上升到接近现今的高度，提供了重要的意义。徐永等（2013）对吕梁山西麓柳林复兴地区砾石层进行了岩石磁学和磁性地层学研究，并结合古生物化石分析研究得出复兴剖面砾石层的古地磁年龄约为 5.2Ma。

3）光释光测年

光释光测年技术是目前第四纪研究中应用最普遍也是最被认可的测年技术之一（赖忠平，欧先交，2013）。尹功明等（2013）利用光释光测年技术，对甘肃与宁夏的交接地区沙坡头大弯最高阶地砾石层进行了年代测量，结果显示光释光年龄为（169±6）ka。

4. 砾石层生物地层学研究

生物地层学是主要研究生物化石的时空分布、地层形成发育规律和确定地层相对时代的学科，具有较大的可靠性，其研究的争议不大，但是古生物化石具有不完全性且许多已经被人所破坏，因此，单纯依靠化石定年几乎不可能。

南京雨花台中洞玄观组、六合组、黄岗组中含丰富的生物化石（张祥云等，2004）。洞玄观组内生物组合归属于中新世中期，生物组合与苏北下草湾组、山东山旺组可以进行相应的对比，其中哺乳动物化石以短腿犀、古仓鼠等为代表，植物化石主要以单籽豆类为代表。六合组内生物组合大致属于中新世晚期至早上新世，可对比于华北地区的坝河期，哺乳动物化石以古猪齿兽、四棱齿象为代表。植物化石以单籽豆类为主体（约占 67.2%）。黄岗组沙砾层内生物属于中新世晚期，哺乳动物化石以宽凹三趾马，小"双鼻角犀"为代表；植物化石主要有单籽豆类（约占 44.5%）及中新榄藤子，该生物组合面貌大致与保德期相当。

崔志强等（2009）对川西凹陷地区更新统砾石层进行年代划分时，通过采集孢粉分析样品对该地区的更新统砾石层进行微体古生物分析，结果表明：在样品孢粉组合中，被子植物花粉最多占总数的一半左右，其中热带—亚热带成分较少，较多的是温带落叶阔叶植物成分。蕨类孢粉以及裸子植物花粉的含量较多，禾本科植物花粉较少。依据以上结果进行分析可以推算出本区砾石层沉积的时代，此外还可以分析出沉积环境的气候特点，即该砾石层的沉积环境均为温暖潮湿热环境下形成的，也从侧面进一步表明了该地区在更新世时期的古气候应该属温暖—湿润型。

5. 沉积环境

沉积物中的砾石层指示了沉积构造环境的变迁过程，已经是研究古气候环境演变的重要指标。砾石层的成因及沉积环境的研究是通过对砾

石的磁学特征、年代测量、物源研究等的研究之上进行的分析。Lewis
等（1991）通过对新西兰坎特伯雷北的复杂三角扇复合体遗迹化石及
岩相的研究，分析晚第四纪砾石和黄土的古环境。

1）砾石层对地貌构造演化研究的重要作用

长江中下游地区沿江两岸的狭长地带广泛分布着一套砾石层，这套
砾石层不仅是长江中下游地区新生代地层的重要组成部分，而且还对晚
新生代时期长江中下游地质地貌演化研究提供了重要的价值。此外，我
国人口众多、经济繁荣的东部地区所发生地质灾害的地质基础和地貌基
础，就是与由南京附近砾石层所构成的"玄武岩台地""平顶山"有密
切的关系（俞伯汀等，2007）。韩志勇等（2009）依据南京地区砾石层
的岩性、层序、沉积构造等特征，研究了南京附近砾石层沉积环境的演
变，雨花台组则类似于砾质辫状河的沉积产物，六合组属于砂质辫状
河的沉积层序，而洞玄观组的沙砾层类似于曲流河的沉积产物，认为
沉积环境的变化指示了地貌构造条件的变化，即河道的坡降具有不断
增大的趋势，并推断这可能是全球海平面不断下降导致侵蚀基准面降
低所引起的。李庭等（2010）通过对宜昌砾石层沉积特征及沉积环境
进行研究分析，发现宜昌砾石层具有典型的冲积扇沉积环境特征，并
且认为该砾石层在形成时具有强大的水动力条件，并且水流具有较大
的推动力和较高的扰动能量，初步认为该砾石层为长江三峡贯通的
产物。

青藏高原周缘砾石层的研究有大邑砾岩、玉门砾岩、西域砾岩、积
石砾岩、红河砾岩和西瓦里克砾石层等（王二七，2013），这些砾石层
对研究青藏高原的构造运动以及构造环境的演变具有重要的指示意义
（秦大河等，2013）。朱大岗等（2002）通过对念青唐古拉山脉主峰地
区的第四纪砾石层的砾组分析，其结果表明念青唐古拉山主峰地区的3

次冰期砾石层中，每次冰期的冰碛物中的砾石在岩石成分、砾度、球度、风化程度上都有明显差异。这种差异反映了青藏高原隆升过程中对念青唐古拉山不同岩石的剥蚀作用，可以从一定程度上反映青藏高原所经历的隆升和剥蚀过程。赵希涛等（2010）从砾石沉积特点及形成年代等方面对昆仑河砾岩的沉积环境及其所指示的地貌构造演化意义进行研究发现，昆仑山和青藏高原腹地相对于柴达木盆地的大幅隆升至少发生于距今 1.27～1.42Ma 前的早更新世中晚期甚至更早，这为讨论青藏高原到底是第四纪开始隆升还是新近纪时期已上升提供了地貌学与第四纪地质学依据。

黄河形成与黄河阶地的演化过程一直是地学界关注的一个重要问题（刘运明等，2007；王军等，2013）。李建星等（2009）通过对吕梁山前砾石层的研究分析黄河的形成与吕梁山的隆升：吕梁山隆升过程中在其西部山前堆积了东厚西薄的扇状堆积，该砾石层是吕梁山新生代隆升剥蚀产物，并不是南北向黄河阶地堆积物，因此对于黄河的形成不支持黄河形成于新近纪的观点。潘保田等（2012）研究了保德—府谷地区晚中新世—早上新世河湖相沉积，认为唐县期基岩侵蚀面上的砾石层是当地河流的产物，属唐县期夷平面相关沉积，当时该地区为一个局地规模的湖泊水系，黄土高原南部河流袭夺北流水系，黄河才形成。王小燕等（2013）对晋陕峡谷北段保德—府谷地区唐县面上的砾石沉积特征进行统计分析研究认为保德—府谷地区的唐县期基岩宽谷是由一条规模不及现代黄河，但流向与黄河相近的河流塑造而成的，因此推断在该地区在中新世中期现代黄河贯穿前的古黄河已经形成。

2）砾石层研究对气候时空变化的研究具有重要的指示意义

砾石层的研究对气候时空变化之间的关系很早就引起了众多学者的关注，并且一直以来为砾石层研究的焦点。陈万勇（1981）对周口店底及附近砾石层的沉积特征进行研究，认为该砾石层形成初期周口河出现一次大洪峰，这一时期气候温和而凉爽。李立文等（2006）通过大量的野外考察工作，对南京附近砾石层的古生物化石进行分析，认为单籽豆等植物化石普遍存在于南京附近古砾石层的夹层中，认为从中新世中期到上新世晚期南京附近气候变化应该是从潮湿的气候类型向着干燥寒冷的方向发展。何多兴等（2006）从江北砾岩独特的沉积特征——只分布在川江河谷一级阶地，高阶地均为松散砾石层，分析认为只有独特的气候条件才是其形成的主要原因，研究表明：该砾石层形成于玉木Ⅱ期，总的古气候背景呈现干旱特征，江北砾岩顶部胶结成岩主要原因是晚更新世晚期全新世初气候有所转暖，但是总体上还是以干冷为主。赵举兴等（2014）对洞庭盆地古沅江砾石层研究，认为古沅江冲积扇具有典型的湿润性冲积扇的特征：岩相类型丰富，沉积微环境多样，沉积物粒径不均一，从而说明冲积扇形成时气候湿润。

（二）面临的挑战

众多的学者已经对砾石层做了大量的研究工作，但是对砾石层地层层序的建立、物源、年代以及成因沉积环境的研究仍存在很多分歧与争议。究其原因主要有以下两方面：一是由于砾石层本身所具有的复杂性导致研究成果的差异性；二是对砾石层缺少系统化与专门化的研究。

在研究方法方面，缺乏多学科（如地貌学、沉积学、古生物学）的综合研究以及对新技术新方法的应用。对于砾石层的研究无论是物源还是地层的划分，都应该建立在基础地质调查的技术上，开展沉积学、岩石学以及地球化学等多学科多角度的综合研究，而砾石层年代的研究应采用多种方法的综合交叉定年，充分利用新的测年方法，并配合生物地层的研究能更确切地确定砾石层的时代；在研究内容方面，对古环境的研究与分析还不够深入、系统，应加强对砾石层环境信息进行深入、系统的挖掘和综合对比分析，除了与同期形成的砾石层进行对比分析，还应与砾石层大的沉积环境背景相联系，只有这样才可能真正揭示砾石层与沉积构造和气候时空变化之间的关系；在研究结果方面，对砾石层的许多关键问题尚未取得一致的认识，建议开展更为系统的专门研究，建立区域之内、区域之间研究的相互联系。

在山东地区晚第四纪特别是末次冰期以来风尘堆积中自西向东均存在一层明显的砾石层，从泰鲁沂山地北麓到胶东丘陵北麓的风尘堆积一直延伸到庙岛群岛等地。该砾石层成为山东地区风尘堆积区别于黄土高原黄土、长江中下游下蜀黄土的一大突出特征。开展山东地区风尘堆积中砾石层的物质来源、形成时代及其环境意义研究，可以为我国东部季风区第四纪环境演变及其第四纪是否存在冰川等问题提供一些科学依据。

第二章　山东地区晚第四纪地质环境

第一节　晚第四纪气候变迁

一、气候波动周期与事件

第四纪气候的主要特征是冰期与间冰期交替发生，该时期包含多个冰期—间冰期旋回，因此第四纪气候变化成为古气候研究领域的重要课题，尤其是晚更新世以来，全球气候变化愈发复杂，对现代自然环境产生了重要的影响，国内外学者们针对晚更新世以来的气候变化做了大量的研究（Zsófia，et al.，2022；Oliver，et al.，2022；刘玉等，2021；Xiao，et al.，2021）。

晚更新世大约开始于距今 126ka 前，结束于 11ka 前，其气候由一个间冰期与冰期组成，早期为间冰期（末次间冰期），晚期为冰期（末次冰期）。在经历中更新世晚期寒冷的冰期气候后，距今约 130ka 前，全球气候逐渐转暖，全球年均气温较现今高 2~3℃，进入一个相对温暖湿润的时期，即末次间冰期（距今 126~76ka），其相当于深海沉积物氧同位素的第 5 阶段，在这个时期温暖气候的作用下，形成了第一层古土壤层（S1）（John，1984）。通过对深海沉积物氧同位素记录的进一步研究发现（裴巧敏等，2016），这个暖期又可以进一步分为三个相对温暖的阶段（MIS5a，c，e）和两个相对寒冷的阶段（MIS5b，d），它们交替构成次一级的气候波动，其中，MIS5e 阶段的 δ^{18}O 百分含量最高，表明该时段的峰值温度最高。姚檀栋等（1997）通过对青藏高原西部古里雅冰芯的研究发现，MIS5e 暖峰的年均温度较现在要高出 5℃；Yao 等（1999）通过对青藏高原古里雅冰芯的研究发现，MIS5 阶段内气候变化十分剧烈，MIS5a，5c，5e 暖峰的 δ^{18}O 含量较现代分别高出 1.7‰、0.5‰、3.2‰；MIS5b，5d 冷峰分别较 MIS5c，5e 降温 3℃ 和 4℃ 以上。青藏高原古里雅冰芯记录表明，在 MIS5 阶段，温度的变化幅度可达 5℃，且温度变冷迅速，变暖缓慢，冰芯中 δ^{18}O 与北半球太阳辐射密切相关，且太阳辐射超前于温度变化，证明太阳辐射是青藏高原气候变化的主要驱动因素（田立德和姚檀栋，2016）。

末次冰期是距今最近的一次冰期，它的历史时期为距今 75～11.7ka。末次冰期早期、中期、晚期分别对应深海氧同位素第四阶段、第三阶段、第二阶段（MIS-4、MIS-3、MIS-2），全新世则对应深海氧同位素第一阶段（MIS-1）（John，1984）。对格陵兰冰芯氧同位素的分析表明，末次冰期总体较为寒冷干旱，相较于全新世整体较为温暖、波动较为稳定的气候环境，末次冰期气候变化较为剧烈且频繁，包含多个冷暖循环，陆地温度降低幅度高达 8～12℃，在此阶段全球发生了许多百年至千年尺度的冷暖气候变化事件（Climap，1976；NGICP，2004）。丹斯果-奥什格尔（Dansgaard-Oeschger）事件也称 D-O 旋回，在 D-O 旋回中，在经历过每一个暖期之后便是冷期，其气温变化表现较为急促，暖期向冷期的转变可在几十年内完成，其平均变化幅度为 5～7℃，每个旋回的开始只需数十年，平均持续时间约为 1500 年，格陵兰冰芯记录表明在距今 0.115Ma~14ka 全球共发生了 24 次 D-O 旋回（Dans-gaard，et al.，1993；Bond，et al.，1997；Mayewski，et al.，1997），此外湖泊沉积（牛东风等，2020）、川东石笋（刘淑华等，2015）、海洋沉积（方文丽等，2019）与 D-O 旋回事件也有着良好的响应关系。Heinrich 事件发生在 D-O 旋回的最冷期，Heinrich 事件代表着上一次 D-O 旋回的结束，新旋回的开始，北大西洋发生大规模冰川漂移事件是 Heinrich 事件的引发因素，大规模的冰川涌进引发全球气候变冷（Bond，et al.，1993；Andrews，et al.，1998）。末次冰期以来一共发生过 6 次规模较大的北大西洋冰川漂移事件，即代表 6 次 Heinrich 事件，其发生年代分别为距今 60000a、50000a、35900a、30100a、24100a、16800a，Heinrich 事件通常使得全球气候在冰期下降 3~6℃，其发生周期为 5000~10000a，持续时间为 200~2000a（Bond，et al.，1993；江波等，2007），此外北太平洋深海沉积物（Broecker，et al.，1992）、闽西仙云洞石笋（车印平等，2018）、新疆伊犁盆地黄土沉积（张文翔等，2015）等都对 Heinrich 事件有着良好的响应。在最后一次 Heinrich 事件过后，气候迅速回暖，新仙女木事件打断了这一持续的升温，因此将新仙女木事件描述为末次冰期向全新世过渡急速升温中的最后一次快速降温变冷事件，格陵兰冰芯记录的这次气候变冷事件降温达到 8℃（Alley，et al.，2000；Grachev，et al.，2005）。Brauer 等（1999）通过对欧洲湖泊沉积的纹层与孢粉进行研究认为新仙女木事件年代距今为 12680~11590a，Mayewski 等（1993）认为新仙女木事件持续时间约 1150~1300a，但其结束阶段非常短暂，在 10a 左右。新仙女木事件表现的降温作用在地理分布上表现出明显的差异，其在北大西洋与格陵兰地区表现较为强烈（Fanning，et al.，1997），格陵兰冰芯所记录的这一事件最大降温可达 8℃，但在北美洲 45°N 以南地区对新仙女木事件的反应却较弱（Rind，et al.，1986）。学者们对新仙女木事件的形成机制有着不同的解释，但目前对新仙女木事件形成较为流行的解释是北大西洋海面盐度降低后引发温盐环流的减弱，北半球接受海洋热量的输送受到影响，从而引起大气温度降低，全球变冷（Jansen，et al.，1990）。

新仙女木事件之后，全球气温回升，并在之后进入全新世，又称冰后期，该时期年代从约 11.7ka 前至今。全新世气候虽然较末次冰期较为温暖，但气候变化依然频繁，包含了完整的变暖期、高温期、稍变冷期旋回（Hafsten，et al.，1970）。在全新世期间，气候变冷事件在全球内频发，其中影响最大的突然降温事件大约发生在距今 8.2ka 附近，它大约开始于距今 8.4ka，于距今 8ka 结束，持续时间约 400 a。研究表明（Mayewski，et al.，1997；Alley，et al.，1997），该事件降温强度大约为新仙女木事件的一半，并以一个快速的较现在温暖湿润的升温事件结束。这次降温事件在全球范围内都有记录，但不同地区所记录的降温幅度有所不同（崔英方，2019；Duan，et al.，2021；Chabangborn，et al.，2020；Waltgenbach，et al.，2020），在此次降温事件过后全球开始变暖，进入全新世大暖期，这次暖期约在距今 3.0ka 后结束，在暖期结束之后全球气候开始逐渐变冷。

二、山东地区气候变化特点

山东地区在晚第四纪期间的气候变化具有独特性，这些特点既受到全球气候波动的影响，又受到当地地质构造、地形地貌等因素的制约。

1. 季节性变化显著

山东地区位于东亚季风区，受季风环流的影响显著。在晚第四纪期间，随着全球气候的变化，季风的强度和方向也发生了变化，导致山东地区的季节性变化更加显著。冬季，来自高纬度的冷空气南下，导致气温骤降，降雪量增加；夏季，则受来自低纬度海洋的暖湿气流影响，气温升高，降水量增加。这种季节性变化不仅影响了当地的生态环境和农业生产，还对人类生活和社会发展产生了深远影响。

2. 干湿交替频繁

在晚第四纪期间，山东地区经历了多次干湿交替的气候变化。这种干湿交替可能是季风强度的变化、海洋环流的变化以及地形地貌的变化等多种因素共同作用的结果。在湿润期，河流径流增加，湖泊扩张，土壤肥沃，有利于农业生产和人类社会的发展；而在干燥期，则可能导致河流断流、湖泊干涸、土壤沙化等环境问题，对农业生产和人类生活造成不利影响。

3. 极端气候事件频发

在晚第四纪期间，山东地区还经历了多次极端气候事件，如暴雨、干旱、寒潮等。这些极端气候事件可能对当地的生态系统造成破坏，导致植被减少、土壤侵蚀加剧等问题。同时，这些极端气候事件还可能对人类社会造成严重影响，如导致农作物减产、房屋倒塌、人员伤亡等。

第二节　山东地区地貌演化与地貌类型

山东地区位于中国东部沿海，以其丰富的地貌类型和多样的自然景观而闻名。从高耸入云的山脉到广袤平坦的平原，从低矮的丘陵到蜿蜒曲折的河流，山东地区的地貌构成了一幅多彩的画卷。

一、山地、丘陵与平原分布特征

山东的地形地貌复杂多样，以山地、丘陵和平原为主，构成了独具特色的地形大势。

（一）山地

山东地区的山地主要分布在中部和东南部，是山东地区地形的重要骨架。泰山是山东的标志性山脉，也是中国的五岳之首，主峰玉皇顶海拔 1545m，为山东省最高点。泰山不仅雄伟壮观，还以其丰富的自然景观和深厚的文化底蕴吸引着无数游客。此外，鲁山、沂山、蒙山、崂山等也是山东的重要山脉，这些山脉大多由花岗岩和片麻岩构成，地势陡峭，沟谷纵横，形成了独特的山地景观。

山地的形成与地壳运动和地质构造密切相关。在地质历史时期，山东地区经历了多次地壳抬升和侵蚀作用，形成了现今的山地地貌。山地不仅为山东提供了丰富的自然资源，如森林、矿产等，还具有重要的生态功能，如水土保持、气候调节等。

（二）丘陵

丘陵是山东地区地形的重要组成部分，主要分布在东部、南部和中部山地的周边地区。丘陵地形起伏和缓，海拔一般为 200~500m，相对高度较小，坡度较缓。丘陵地区土壤肥沃，水资源丰富，适宜农业生产。

丘陵的形成与地质构造和侵蚀作用有关。在地质历史时期，山东地区经历了多次地壳运动和侵蚀作用，形成了不同高度的丘陵地形。丘陵地区还发育了丰富的岩溶地貌，如洞穴、石林等，这些地貌景观不仅具有观赏价值，还具有重要的科学价值。

（三）平原

平原是山东地形的主要类型，分布在西部、北部和东部地区。平原地区地势平坦，土壤肥沃，水资源丰富，是山东的主要农业生产区。其中，鲁西北平原和鲁西南平原是山东最大的两块平原，也是华北平原的重要组成部分。黄河三角洲是山东地区的一个重要平原区，这里地势低洼，土壤盐碱化严重，但具有丰富的湿地资源和生物多样性。

平原的形成与地壳运动和沉积作用密切相关。在地质历史时期，山东地区经历了多次地壳沉降和沉积作用，形成了厚层的沉积物。这些沉积物在长期的压实和固结成岩过程中，形成了现今的平原地貌。平原地区不仅适宜农业生产，还具有重要的交通和城市发展功能。

二、地貌发育过程与模式

山东地区的地貌发育过程是一个长期而复杂的过程，涉及地壳运动、侵蚀作用、沉积作用等多种地质作用。

（一）地貌发育过程

1. 地壳运动

地壳运动是山东地貌发育的主要动力。在地质历史时期，山东地区经历了多次地壳抬升和沉降作用，形成了不同高度的地形。这些地壳运动不仅改变了地形的形态，还影响了地表的岩石类型和结构。例如，泰山等山脉的形成就与地壳抬升作用密切相关。

2. 侵蚀作用

侵蚀作用是山东地貌发育的重要过程之一。侵蚀作用包括流水侵蚀、风力侵蚀、冰川侵蚀等多种类型。在山东地区，流水侵蚀是主要的侵蚀方式之一。河流在长期的侵蚀作用下，形成了各种地貌景观。此外，风力侵蚀也在一定程度上影响了山东地区地貌的发育。

3. 沉积作用

沉积作用是山东地貌发育的另一个重要过程。沉积作用包括河流沉积、湖泊沉积、海洋沉积等多种类型。在山东地区，河流沉积是主要的沉积方式之一。河流在长期的沉积作用下，形成了厚层的沉积物，这些沉积物在长期的压实和固结成岩过程中，形成了现今的平原和丘陵地貌。此外，湖泊沉积和海洋沉积也在一定程度上影响了山东地区地貌的发育。

（二）地貌发育模式

山东地区的地貌发育模式可以概括为"构造控制、侵蚀塑造、沉积填充"。构造控制是指地壳运动对地貌发育的控制作用。侵蚀塑造是指流水、风力等侵蚀作用对地貌形态的塑造作用。沉积填充是指河流、湖泊等沉积作用对地貌的填充作用。这三种作用相互关联、相互影响，共同构成了山东地区复杂多样的地貌景观。

在具体的地貌发育过程中，不同的地质作用和环境条件会形成不同的地貌类型。例如，在山地地区，地壳抬升和侵蚀作用共同塑造了高耸入云的山脉和陡峭的沟谷；在丘陵地区，地壳运动和侵蚀作用共同作用形成了起伏和缓的丘陵地形；在平原地区，地壳沉降和沉积作用共同作用形成了平坦开阔的平原地貌。

此外，山东地区的地貌发育还受到气候、植被等自然因素的影响。气候的变化会影响侵蚀作用的强度和方式，从而影响地貌的发育。植被的覆盖情况也会影响侵蚀作用的进行，同时植被本身也是地貌景观的重要组成部分。

山东地区的气候属于温带季风气候，四季分明，降水集中。这种气候特点对地貌发育产生了重要影响。在降水充沛的季节，河流的侵蚀作用加强，容易形成河谷、瀑布等地貌景观。而在干旱季节，河流的流量减少，侵蚀作用减弱，地貌形态相对稳定。此外，气候的变化还会影响土壤的发育和植被的生长，从而间接影响地貌的发育。

植被在山东地区的地貌发育中扮演了重要角色。植被可以减缓水流速度，降低侵蚀作用的强度，从而保护地表免受过度侵蚀。同时，植被的生长也会改变地表的形态和结构，形成独特的地貌景观。例如，在山地和丘陵地区，茂密的植被可以形成茂密的森林和草甸，为野生动物提供栖息地，也丰富了地貌的景观多样性。

　　除了自然因素外，人类活动也对山东地区的地貌发育产生了重要影响。自古以来，人类就在山东地区进行农业、矿业、交通等生产活动，这些活动不仅改变了地表的形态和结构，还影响了地貌的发育。例如，农业活动会改变土壤的结构和肥力，影响地貌的稳定性和生产力。矿业活动会挖掘地表和地下的矿产资源，形成矿坑、尾矿等地貌景观。交通活动会修建道路、桥梁等基础设施，改变地表的形态和交通网络。

　　然而，人类活动对地貌发育的影响也带来了一系列环境问题。过度开采矿产资源会导致地表塌陷、地质灾害等；过度开垦耕地会导致水土流失、土壤退化等；不合理的城市建设会破坏自然景观和生态环境。因此，在开发和利用自然资源的过程中，必须注重保护生态环境和自然景观，实现可持续发展。

（三）地貌演化趋势

　　未来，山东地区的地貌演化将受到多种因素的影响。一方面，地壳运动将继续影响地貌的发育和演变。虽然地壳运动的速度和幅度相对较小，但长期积累下来会对地貌形态产生显著影响。另一方面，气候变化和人类活动也将对地貌演化产生重要影响。随着全球气候变暖和极端天气事件的增多，山东地区的气候条件可能会发生变化，从而影响地貌的发育和演变。同时，随着城市化进程的加速和人类活动的不断增加，山东地区的地貌形态也可能会受到更多人为因素的影响。

　　总之，山东地区的地貌演化是一个长期而复杂的过程，涉及多种地质作用和环境因素。在未来的发展中，我们需要注重保护生态环境和自然景观，实现可持续发展；同时加强地貌演化的监测和研究工作，为应对未来挑战提供科学依据和技术支持。

综上所述，山地、丘陵与平原的分布反映了山东地区的地质构造和沉积历史；地貌发育的过程与模式则揭示了地壳运动、侵蚀作用、沉积作用等多种地质作用对地貌形态的影响。在未来的发展中，我们需要更加关注人类活动对地貌演化的影响，并采取有效的措施来保护生态环境和自然景观。

第三节　水文地质条件

一、主要河流与湖泊变迁

山东地区的河流与湖泊是构成该地区水文系统的重要组成部分，它们不仅滋养了这片土地，还见证了历史的变迁。

（一）主要河流

山东地区的河流主要源于中部和南部的高山丘陵，自南向北流入渤海和黄海。其中，黄河、京杭大运河、小清河、大汶河、徒骇河、马颊河等是山东地区的主要河流。

1. 黄河

作为中国的母亲河，黄河在山东地区流经多个县市，是山东地区最重要的河流之一。黄河携带的大量泥沙在下游形成了广阔的冲积平原，为农业生产提供了肥沃的土壤。然而，黄河的频繁泛滥也给山东地区带来了严重的洪涝灾害。近年来，随着黄河治理工程的不断完善，黄河的防洪能力得到了显著提高。

2. 京杭大运河

作为中国古代的一项伟大工程，京杭大运河在山东地区也有其独特的地位。大运河不仅是一条重要的水上交通通道，还承载着丰富的历史文化遗产。在山东地区，大运河沿岸的城镇如济宁、聊城等，都因大运河的繁荣而兴盛起来。

3. 小清河

小清河是山东地区的一条重要河流，发源于济南市境内，自南向北流入渤海。小清河不仅为沿岸地区提供了灌溉和生活用水，还具有重要的防洪排涝功能。

4. 大汶河

大汶河发源于泰山南麓，是山东地区的一条重要河流。大汶河流域是山东地区的重要农业区，河流的灌溉作用为农业生产提供了有力保障。

5. 徒骇河

徒骇河是山东地区的一条重要河流，主要流经德州、聊城、滨州等地。徒骇河不仅具有灌溉、防洪等功能，还是山东地区的重要航道之一。

6. 马颊河

马颊河发源于河南东部，自西向东流经山东多个县市。马颊河沿岸地区是山东地区的重要农业区之一，河流的灌溉作用对农业生产具有重要意义。

（二）湖泊变迁

山东地区的湖泊数量相对较少，但它们在历史上曾经发挥过重要的生态和水利功能。然而，随着人类活动的不断增加和自然环境的变化，山东地区的湖泊也经历了显著的变迁。

1. 东平湖

东平湖是山东地区最大的湖泊之一，位于山东省泰安市东平县境内。东平湖不仅是山东地区的重要水源地之一，还具有重要的防洪功能。然而，随着城市化进程的加速和水利工程的修建，东平湖的水位和面积也发生了显著变化。

2. 南四湖

南四湖位于山东省西南部微山县境内，由南阳湖、独山湖、昭阳湖、微山湖四个相连的湖泊组成。南四湖不仅是山东地区的重要水源地之一，还是京杭大运河的重要航道。然而，随着人类活动的不断增加和自然环境的变化，南四湖的水质和生态环境也面临着严峻挑战。

3. 其他小型湖泊

除了东平湖和南四湖外，山东地区还有一些小型湖泊。这些湖泊虽然规模不大，但在当地生态环境和水利功能中发挥着重要作用。然而，随着城市化进程的加速和农业生产的不断扩大，这些小型湖泊也面临着被填埋或污染的风险。

二、地下水类型与分布

地下水是山东地区水资源的重要组成部分，对农业生产、工业生产、居民生活以及生态环境等方面都具有重要影响。

（一）地下水类型

山东地区的地下水类型主要包括孔隙水、裂隙水和岩溶水三种。

1. 孔隙水

孔隙水主要分布于山东地区的平原和丘陵地带。这些地区的地层主要由第四纪松散沉积物组成，如沙、沙砾、黏土等。这些沉积物中的孔隙为地下水提供了储存和运移的空间。孔隙水的补给来源主要为大气降水、河流和湖泊的渗漏以及农田灌溉回归水等。

2. 裂隙水

裂隙水主要分布于山东地区的山地和丘陵地带。这些地区的地层主要由坚硬的岩石组成，如花岗岩、片麻岩、石灰岩等。这些岩石中的裂隙为地下水提供了储存和运移的空间。裂隙水的补给来源主要为大气降水、地表水的渗漏以及地下水的侧向补给等。

3. 岩溶水

岩溶水主要分布于山东地区的岩溶地区。这些地区的地层主要由石灰岩等可溶性岩石组成，岩石中的溶蚀孔洞和裂隙为地下水提供了储存和运移的空间。岩溶水的补给来源主要为大气降水、地表水的渗漏以及地下水的侧向补给等。由于岩溶地区的特殊地质条件，岩溶水往往具有水量大、水质好、动态变化显著等特点。

（二）地下水动态特征

山东地区的地下水动态特征主要表现为季节性变化和长期趋势变化两个方面。

1. 季节性变化

山东地区的地下水水位和水量受大气降水、地表水渗漏以及农业灌溉等因素的影响，呈现出明显的季节性变化。一般来说，雨季时地下水水位上升，水量增加；旱季时地下水水位下降，水量减少。这种季节性变化对农业生产、居民生活以及工业生产等方面都具有重要影响。

2. 长期趋势变化

除了季节性变化外，山东地区的地下水还呈现出长期趋势变化。这种变化主要受气候变化、人类活动以及地质条件等多种因素的影响。例如，随着城市化进程的加速和农业生产的不断扩大，地下水开采量不断增加，导致地下水水位持续下降，形成了地下水漏斗区。此外，气候变化也对地下水动态产生了重要影响，如干旱、暴雨等极端天气事件都会导致地下水水位的显著变化。

第三章　风尘堆积的识别与分布

第一节　风尘堆积的野外识别标志

风尘堆积，即风成堆积物，是指主要由风力搬运和堆积形成的地表物质。这类堆积物在干旱、半干旱地区尤为常见，是风沙地貌的重要组成部分。风尘堆积的野外识别标志主要包括物理特征、化学成分与矿物组成以及微结构特征。以下是对这些识别标志的详细探讨。

一、物理特征（颜色、粒度）

（一）颜色

风尘堆积物的颜色通常与其成分、来源及沉积环境密切相关。在干旱、半干旱地区，由于植被稀少，地表物质易受风化作用，风尘堆积物往往呈现出黄色、灰色或浅棕色等色调。这些颜色反映了堆积物中矿物成分和有机质含量的差异。例如，风积沙在 TM741 合成图像上通常呈浅黄色（亮）色调，而沙丘间的洼地、湿地含水多的部分则色调多为灰色或暗色色调。

（二）粒度

粒度是风尘堆积物的重要物理特征之一。风成堆积物的粒径随风的扬程递减，分选性良好。粒径一般为 0.01~0.5mm，但也有部分颗粒可能超过这个范围。风积物的粒度分布特征反映了风力搬运过程中的分选作用。在沉积过程中，由于风速的降低和地面障碍物的阻挡，颗粒逐渐沉积下来，形成具有一定粒度分布的堆积层。

风积物的粒度特征还与其物源和沉积环境有关。例如，在干旱地区，由于物理风化作用强烈，地表物质多为砂粒和粉粒，因此风积物的粒度较粗。而在半干旱地区，由于雨量稀少、蒸发量大，地表水贫乏，植被稀疏，风力作用更为活跃，风沙地貌发育，沙丘沙垄分布普遍，风积物的粒度则可能较细。

此外，风积物的粒度特征还受到沉积后环境的影响。例如，在沙丘固定后，由于植被的生长和土壤的发育，细颗粒物质逐渐增加，沙粒磨圆度提高，粒度分布也发生变化。

二、化学成分与矿物组成

（一）化学成分

风尘堆积物的化学成分主要受到其源区岩石和沉积环境的影响。在干旱、半干旱地区，由于地表物质多为硅酸盐岩石的风化产物，因此风积物的化学成分以硅酸盐为主。此外，由于干旱地区蒸发量大，地表水贫乏，盐分容易在土壤中累积，因此风积物中也可能含有一定量的可溶性盐分。

风积物的化学成分还受到气候、植被和土壤发育等因素的影响。例如，在干旱地区，由于植被稀少，土壤发育程度低，风积物中的有机质含量较低。而在半干旱地区，由于植被相对丰富，土壤发育程度较高，风积物中的有机质含量则可能较高。

（二）矿物组成

风尘堆积物的矿物组成也受到其源区岩石和沉积环境的影响。石英是最常见的矿物之一，其含量往往较高。此外，风积物中还可能含有长石、辉石、角闪石等硅酸盐矿物以及少量的氧化物矿物和黏土矿物。

风积物的矿物组成还受到风力搬运过程中的分选作用的影响。由于风力搬运过程中颗粒的碰撞和磨蚀作用，易磨碎的矿物（如方解石、石膏等）含量减少，而耐磨的矿物（如石英、锆石等）含量相对增加。此外，在沉积过程中，由于不同矿物颗粒的沉降速度差异，也可能导致矿物组成的分异。

三、微结构特征

（一）颗粒形态

风尘堆积物的颗粒形态是反映其沉积过程和沉积环境的重要指标之一。石英颗粒在被外力搬运过程中和沉积后，其颗粒形态会受到沉积环境的塑造，石英颗粒往往具有流线型的颗粒轮廓（如水滴形、矛形、菱形、纺锤形）或螺线形（为气流搬运的标志形态）。这些形态特征反映了颗粒在风力搬运过程中的碰撞、磨蚀和沉积作用。

此外，风积物的颗粒形态还受到其源区岩石和沉积环境的影响。例如，在干旱地区，由于地表物质多为砂粒和粉粒，因此风积物的颗粒形态多呈棱角状或次棱角状。而在半干旱地区，由于植被相对丰富，土壤发育程度较高，风积物的颗粒形态则可能更加圆滑。

（二）表面微结构

风尘堆积物的表面微结构是反映其沉积过程和沉积环境的另一个重

要指标。石英颗粒表面微结构典型特征有机械磨蚀和撞击痕迹明显，多发育碟形坑、挤压坑、上翻解理薄片以及溶蚀坑与SiO_2沉淀等。在干旱地区，由于地表物质多为坚硬的硅酸盐岩石风化产物，因此风积物的表面微结构多呈棱角状、刻蚀状，颗粒表面可见明显的撞击坑和剥蚀痕迹。而在半干旱地区，由于植被相对丰富，土壤发育程度较高，颗粒表面可见少量的溶蚀坑和沉淀物。

（三）沉积构造

风尘堆积物的沉积构造是反映其沉积过程和沉积环境的重要特征之一。风成堆积物具有独特的沉积构造，如水平层理、交错层理和波状层理等。这些沉积构造的形成与风力搬运过程中的颗粒沉积和堆积作用密切相关。

1. 水平层理

在风力搬运过程中，由于风速的降低和地面障碍物的阻挡，颗粒逐渐沉积下来形成水平层理。这种层理在风积物中较为常见，反映了沉积过程中的均一性和稳定性。

2. 交错层理

在风力搬运过程中，由于风向的变化和颗粒的跳跃运动，形成交错层理。这种层理在沙丘沉积中较为常见，反映了沉积过程中的复杂性和多变性。

3. 波状层理

在风力搬运过程中，由于地形的起伏和颗粒的滚动运动，形成波状层理。这种层理在风蚀地貌中较为常见，反映了沉积过程中的波动性和周期性。

此外，风积物中还可能发育有沙波纹、沙丘和沙垄等沉积构造。这些沉积构造的形成与风力搬运过程中的颗粒沉积和堆积作用密切相关，反映了沉积过程中的动力学特征和地貌形态。

（四）有机质与生物遗迹

风尘堆积物中的有机质和生物遗迹也是反映其沉积历史和沉积环境的重要指标之一。在干旱、半干旱地区，由于植被稀少，土壤发育程度低，风积物中的有机质含量通常较低。然而，在风积物沉积过程中，可能携带并保存了一些来自周围环境的有机质和生物遗迹。

有机质主要来源于植物残体、动物粪便和微生物活动等。在风积物中，有机质通常以腐殖质的形式存在，对土壤的发育和改良具有重要作用。同时，有机质还可以作为古环境研究的指标之一，反映沉积过程中的植被变化和气候特征。

生物遗迹则主要包括动物足迹、虫孔和植物根系等。这些遗迹在风积物中的存在可以反映沉积过程中的生物活动和环境特征。例如，动物足迹和虫孔可以反映沉积过程中的土壤湿度和生物活动强度；植物根系则可以反映沉积过程中的植被类型和土壤发育程度。

综上所述，风尘堆积的野外识别标志主要包括物理特征（颜色、粒度）、化学成分与矿物组成以及微结构特征等方面。这些标志在野外调查和研究中具有重要的应用价值，可以帮助我们识别和理解风尘堆积物的沉积历史和沉积环境。在物理特征方面，颜色可以反映堆积物的成分和沉积环境；粒度则反映了风力搬运过程中的分选作用和沉积作用。在化学成分与矿物组成方面，化学成分主要受到源区岩石和沉积环境的影响；矿物组成则反映了风力搬运过程中的分选作用和沉积作用以及源区岩石的特性。在微结构特征方面，颗粒形态和表面微结构可以反映沉积过程中的碰撞、磨蚀和沉积作用；沉积构造则反映了沉积过程中的动力学特征和地貌形态。有机质与生物遗迹则可以反映沉积过程中的生物活动和环境特征。总之，风尘堆积的野外识别标志是地质、地貌和古环境研究中的重要内容之一。通过对这些标志的研究和分析，我们可以更加深入地了解风尘堆积物的沉积过程和沉积环境，为相关领域的研究和应用提供有益的参考和借鉴。同时，我们还需要不断学习和探索新的方法和手段，推动风尘堆积研究的不断进步和发展。

第二节　山东地区风尘堆积的分布规律

一、空间分布特征

山东地区位于中国黄土分布的东部边缘，现代季风区的中部和海陆交接过渡地带，是东亚风尘沉积系统的重要组成部分。风尘堆积在山东地区的分布具有鲜明的空间特征，这些特征不仅反映了该地区的气候变化、地貌演化和地质构造，也为我们理解晚第四纪以来的环境变化提供了重要的信息。

（一）总体分布格局

山东地区的风尘堆积总体呈东西向带状分布，根据其分布特点，大致可以分为两大区域：渤海湾滨海与岛屿区、鲁中山前区。这两个区域的风尘堆积在空间分布上具有一定的差异性和规律性。

1. 渤海湾滨海与岛屿区

渤海湾滨海与岛屿区主要包括山东半岛及其附近的岛屿，如庙岛群岛等。研究认为，本区风尘堆积主要来源于西北方向的风尘输送，同时也受到海洋环境的影响。沉积物中常常夹有海相层，反映了海陆交互作用的特征。在岛屿上，风尘堆积的厚度和粒度变化较大，受到岛屿地形、气候和风向等多种因素的影响。

2. 鲁中山前区

鲁中山前区位于山东内陆，以鲁中山区为核心，向四周延伸。这里的风尘堆积主要来源于山区风化和剥蚀的物质，以及远处搬运而来的风尘。沉积物中常常夹有河流相层，反映了河流对风尘堆积的影响。在山区边缘和平原地区，风尘堆积的厚度和粒度变化较为稳定，但在地形起伏较大的地方，沉积物的分布和特征会发生明显的变化。

（二）粒度分布特征

山东地区风尘堆积的粒度分布特征也是其空间分布规律的重要组成部分。粒度是指沉积物颗粒的大小，它反映了沉积物的搬运方式和沉积环境。在山东地区，风尘堆积的粒度分布呈现出明显的地带性特征。

1. 西部粗粒区

在山东地区的西部，如章丘等地，风尘堆积的粒度较粗，主要以砂粒和粉砂为主。这一区域位于内陆，气候相对干燥，风尘的搬运距离较远，因此沉积物的粒度较大。

2. 中部中粒区

在山东地区的中部，如淄川、青州等地，风尘堆积的粒度适中，以粉砂和黏土为主。这一区域位于内陆和海岸之间，气候适中，风尘的搬运距离适中，因此沉积物的粒度也适中。

3. 东部细粒区

在山东地区的东部，如蓬莱等地，风尘堆积的粒度较细，主要以黏土和细粉砂为主。这一区域靠近海岸，气候湿润，风尘的搬运距离较近，同时受到海洋环境的影响，因此沉积物的粒度较小。

（三）沉积环境差异

山东地区风尘堆积的空间分布特征还与其沉积环境的差异密切相关。不同的沉积环境对风尘堆积的形成和演化产生了重要的影响。

1. 干旱环境

在山东地区的西部和内陆地区，气候相对干燥，降水较少，植被覆盖度低。这种环境有利于风尘的搬运和堆积，形成了较厚的风尘沉积层。同时，干旱环境也促进了土壤的风化和侵蚀作用，为风尘堆积提供了丰富的物质来源。

2. 湿润环境

在山东地区的东部和沿海地区，气候相对湿润，降水较多，植被覆盖度高。这种环境不利于风尘的搬运和堆积，但有利于土壤的发育和保存。因此，在沿海地区和湿润地带，风尘堆积的厚度较薄，但土壤层发育较好。

3. 河流环境

在山东地区的河流沿岸和湖泊周边，风尘堆积受到河流的冲刷和沉积作用的影响。这些地区的风尘堆积中常常夹有河流相层，反映了河流对风尘堆积的改造和再沉积作用。同时，河流环境也促进了土壤的发育和侵蚀作用，形成了复杂的沉积构造和地貌形态。

二、时间序列分析

（一）鲁中山前区黄土年代学研究

山东青州傅家庄剖面堆积厚度最大，达 30m 以上，郑洪汉等（1994）测得最高层位黑垆土 S 上部[14]C 年龄为距今 3210±190a，最老黄土层位 L9 的 TL 年代为 793±64ka，据此山东黄土的底界可能超越 B/M 界限。彭淑贞等（2010）对此剖面测得的磁性地层结果显示整个剖面均为正极性，未到达 B/M 界限，表明该剖面的底界年代小于 780ka；在 2.1m、7.1m、10.5m 测得的 OSL 年代分别为 9.7±0.4ka、74.8±4.6ka、185.1±6.5ka，在假设沉积速率不变的基础上推测该剖面底界年代为

500ka 左右。

济南市张夏镇黄土中碳酸钙结核发育较多，张祖陆等（2005）对 3 处钙结核进行 ^{14}C 测年，HT3 样品内核年龄为距今 13580±116a，外核为距今 12893±116a。HT11、HT12 处钙结核 ^{14}C 年代分别为距今 15003±422a 和 21321±125a，认为整个剖面均属于马兰期黄土堆积。但钙结核形成年代不能代表黄土的沉积年代，只能作为黄土最小年代的参考。

潍坊朱里剖面出露 14.6m，未见底。李强（2014）在此剖面采集 10 个 OSL 样品，选用粗颗粒石英在山东省地震工程研究院土力学及年代学实验室进行 OSL 测年。在剖面深度 1m、2.2m 和 2.4m 处的 OSL 年代分别为 26.9±3.6ka、47.5±1.6ka 和 50.5±1.9ka，剖面 6.6m 以后测得的年代均接近饱和（详情见图 3-1）。在该剖面以北 16.9km 的徐林庄黄土剖面，深度 3.5m 和 7.5m 的 OSL 年代分别为 26.83±0.64ka 和 34.80±0.72ka。

平阴龙桥黄土剖面出露厚度 7m，未见底，组成物质以粉砂为主。丁新潮等（2015）对其进行 OSL 测年，结果显示该剖面是末次冰期以来形成的堆积，剖面深度 7m 处年代约为 77ka。

（二）渤海湾滨海与岛屿区黄土年代学研究

徐树建和王涛（2012）对山东蓬莱林格庄剖面（LGZ）进行了系统的样品采集。剖面厚 6.4m，未见底，在剖面 0.7m、5.0m 处避光采集 OSL 样品进行测年，测定的年代分别为 23.74±2.44ka 和 73.49±4.87ka，说明该剖面主要为末次间冰期以来的沉积。

早期曹家欣等（1987）利用群岛黄土中钙结核的 ^{14}C 年代代表黄土年代认为北长山岛店子村黄土底部年代为 12070±30 a，珍珠门灯塔马兰黄土的年代为距今 19380±320 a。大钦岛南村砖瓦厂黄土下部年代为距今 23100±400 a，东村古沙丘上部年代为距今 17830±240 a，证明庙岛群岛的黄土主要形成于晚更新世晚期。

倪志超（2015）对庙岛群岛的仙境源（XJY）、砣矶岛（TJ）、北隍城岛（BHC）、南长山岛英山（YS）等剖面（图3-1）进行了系统的OSL年代学研究。在 BHC 剖面（深度 100m、270m、420m、620cm）、TJ 剖面（100cm、270cm）以及 XJY 剖面（80cm、250cm、390cm）处进行 OSL 采样，将研究剖面与 LQ、XLZ、ZL、LGZ、GG、BC 剖面进行地层对比，除了 YS 顶部样品外，所有样品年代数据均>10ka，据此认为全新世黄土基本被剥蚀或被成土过程所影响。

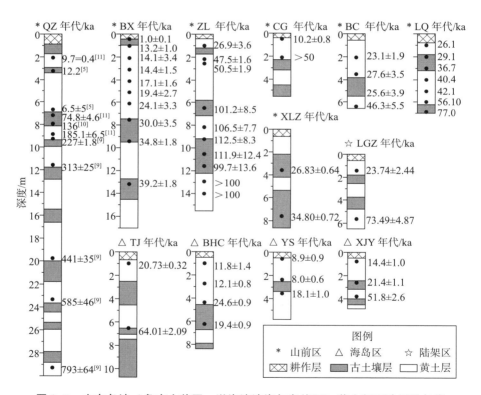

图 3-1　山东各地（鲁中山前区—渤海湾滨海与岛屿区）黄土剖面地层及年代

第四章　砾石层沉积特征研究

第一节　砾石层的基本类型与特征

砾石层作为一种常见的沉积地层，广泛分布于各种地质环境中，包括河流、湖泊、海岸、冰川以及构造活动区等。砾石层不仅记录了地表的沉积过程，也反映了地质历史时期的气候、地貌和构造变化。以下是对砾石层的基本类型与特征的详细探讨，包括砾石成分与来源分析、砾石层粒度分布特征。

一、砾石成分与来源分析

进行砾石层成分与来源分析是理解其形成机制和沉积环境的关键。砾石成分复杂多样，主要包括岩石碎屑、矿物颗粒以及生物碎屑等。不同来源的砾石具有不同的成分特征，这些特征可以帮助我们追溯其物质来源和沉积过程。

（一）砾石成分分类

1. 岩石碎屑

岩石碎屑是砾石层中最常见的成分，它们来源于周围岩石的风化和剥蚀。这些岩石碎屑可以进一步细分为不同类型，包括火成岩碎屑（如玄武岩、花岗岩）、沉积岩碎屑（如砂岩、石灰岩）和变质岩碎屑（如片麻岩、大理岩）等。岩石碎屑的形态、大小和颜色等特征，往往反映了其原始岩石的类型和性质。

2. 矿物颗粒

砾石层中除了岩石碎屑外，还常常包含各种矿物颗粒，如石英、长石、云母等。这些矿物颗粒可能来源于岩石的风化、河流的搬运以及冰川的磨蚀等过程。矿物颗粒的种类和含量，可以反映沉积区的地质背景和气候条件。

3. 生物碎屑

在某些砾石层中，还可以发现大量的生物碎屑，如贝壳、珊瑚、骨骼等。这些生物碎屑通常来源于附近的海洋、湖泊或河流环境，它们的存在可以为我们提供关于沉积环境的宝贵信息。

（二）砾石来源分析

砾石的来源通常与沉积区的地质构造、气候条件以及地貌形态等因素密切相关。以下是对砾石来源的几种常见分析方法的探讨。

1. 地质构造背景

砾石的来源往往与沉积区周围的地质构造活动密切相关。例如，在构造活动区，地壳的抬升和剥蚀作用会形成大量的岩石碎屑，这些碎屑随后被搬运到沉积区形成砾石层。因此，通过对沉积区周围地质构造的研究，可以推测砾石的来源和沉积过程。

2. 气候条件

气候条件对砾石的来源和沉积过程也有重要影响。在干旱地区，由于降水稀少，河流径流量小，砾石主要由风力和冰川等外力搬运而来。而在湿润地区，河流径流量大，砾石则主要由河流搬运而来。此外，气候的冷暖变化也会影响岩石的风化和剥蚀速度，从而影响砾石的来源。

3. 地貌形态

地貌形态对砾石的来源和沉积过程也有显著影响。例如，在山区，地壳的抬升和剥蚀作用形成的岩石碎屑被搬运到山前平原或河流下游形成砾石层。而在平原地区，由于地势平坦，缺乏足够的搬运动力，砾石层往往较为少见。

4. 沉积环境分析

通过对沉积环境的详细分析，也可以推断出砾石的来源。例如，在河流沉积环境中，砾石通常来源于上游河段的岩石剥蚀和搬运；在海岸沉积环境中，砾石则可能来源于海浪的冲刷和搬运。通过对沉积环境的研究，可以进一步了解砾石的搬运路径和沉积机制。

5. 同位素分析

同位素分析是一种常用的地球化学方法，可以用来研究砾石的来源。通过测量砾石中不同元素的同位素比值，可以推断出其源区的地球化学特征。这种方法特别适用于研究具有复杂来源的砾石层。

6. 碎屑矿物组合分析

碎屑矿物组合分析是通过研究砾石层中不同矿物的种类、含量和分布特征来推断其来源的一种方法。不同来源的砾石层往往具有不同的碎屑矿物组合特征，这些特征可以为我们提供关于沉积物来源和沉积过程的宝贵信息。

二、砾石层粒度分布特征

砾石层的粒度分布特征是研究其沉积环境和沉积过程的重要指标。粒度分布不仅反映了砾石颗粒的大小和形状特征，还与其来源、搬运方式和沉积环境密切相关。以下是对砾石层粒度分布特征的详细探讨。

（一）粒度分布类型

砾石层的粒度分布类型多种多样，根据颗粒大小和形状的不同，可以将其分为以下几种主要类型：

1. 均一粒度分布

在这种类型中，砾石颗粒的大小相对均匀，没有明显的粒度变化。这种分布通常出现在稳定的沉积环境中，如河漫滩、湖泊底部等。均一粒度分布可能表明砾石在搬运过程中受到了均匀的磨蚀和筛选作用。

2. 双峰粒度分布

双峰粒度分布是指砾石层中存在两个明显的粒度峰值，即颗粒大小在两个不同的范围内集中分布。这种分布类型通常出现在复杂的沉积环境中，如河流交汇处、河口三角洲等。双峰粒度分布可能反映了不同来源或不同搬运方式的砾石颗粒的混合。

3. 多峰粒度分布

多峰粒度分布是指砾石层中存在多个粒度峰值，即颗粒大小在多个不同的范围内集中分布。这种分布类型通常出现在复杂的沉积体系中，如冰川沉积、海岸沉积等。多峰粒度分布可能反映了多种沉积过程或多种来源砾石的共同作用。

4. 渐变粒度分布

渐变粒度分布是指砾石颗粒的大小从某一值逐渐变化到另一值，没有明显的粒度峰值。这种分布类型通常出现在沉积环境逐渐变化的情况下，如河流下游的沉积区。渐变粒度分布可能表明砾石在搬运过程中受到了逐渐变化的沉积条件的影响。

（二）粒度分布特征分析

通过对砾石层粒度分布特征的分析，可以进一步了解沉积环境和沉积过程。

1. 粒度大小分析

粒度大小是砾石层粒度分布特征的重要参数之一。通过对砾石颗粒大小的测量和统计，可以得到粒度分布曲线和粒度频率分布图等图表。这些图表可以直观地反映砾石颗粒的大小分布范围和集中程度。粒度大小分析有助于了解砾石的搬运方式和沉积环境。例如，在河流沉积环境中，较大颗粒的砾石通常位于沉积层的底部，而较小颗粒的砾石则位于顶部。这种粒度大小的垂直分布特征反映了河流的沉积过程和砾石的搬运机制。

2. 粒度形状分析

砾石粒度形状也是粒度分布特征的重要参数之一。通过对砾石粒度形状的观察和分类，可以得到粒度形状分布图等图表。这些图表可以反映砾石颗粒的磨圆程度、棱角分明程度等特征。粒度形状分析有助于了解砾石的搬运方式和沉积环境。例如，在冰川沉积环境中，砾石颗粒通常呈棱角分明、不规则的形状，反映了冰川搬运过程中的强烈磨蚀作用。而在河流沉积环境中，砾石颗粒则通常呈圆形或椭圆形，反映了河流搬运过程中的磨圆作用。

3. 粒度分选性分析

粒度分选性是指砾石颗粒在沉积过程中的分离程度。通过对砾石层粒度分选性的分析，可以了解沉积环境的稳定性和砾石的搬运机制。一般来说，粒度分选性较好的砾石层通常出现在稳定的沉积环境中，如河漫滩、湖泊底部等。而粒度分选性较差的砾石层则可能出现在复杂的沉积环境中，如河流交汇处、河口三角洲等。

4. 粒度定向性分析

粒度定向性是指砾石颗粒在沉积过程中的排列方向。通过对砾石层粒度定向性的分析，可以了解沉积环境的流向和砾石的搬运机制。例如，在河流沉积环境中，砾石颗粒通常呈长轴平行于水流方向的排列方式。这种粒度定向性反映了河流水流对砾石颗粒的定向排列作用。而在冰川沉积环境中，砾石颗粒的排列方式则可能更加复杂多样，反映了冰川搬运过程中的复杂机制。

5. 粒度组合特征分析

除了对单个砾石颗粒的粒度特征进行分析外，还可以对砾石层中不同粒度颗粒的组合特征进行分析。通过对砾石层中不同粒度颗粒的含量、分布和相互关系的研究，可以进一步了解沉积环境和沉积过程。例如，在河流沉积环境中，不同粒度颗粒的组合特征可以反映河流的流速、水深和沉积速率等参数的变化。

第二节 砾石层沉积构造与层理

一、沉积构造类型与成因

沉积构造是指沉积岩的各组分在空间上的分布和排列方式所表现出的总体特征，或者说，是指组成岩石的颗粒彼此间的相互排列的关系总和。沉积构造是沉积物沉积时或沉积之后，由于物理作用、化学作用及生物作用形成的。沉积构造的研究对于分析沉积环境、确定地层的顶底层序以及恢复水流系统等具有重要的地质意义。

（一）沉积构造的分类

沉积构造的分类有多种方案，根据成因可以分为物理成因构造、化学成因构造和生物成因构造；根据发育部位与形态可以分为层内构造和层面构造；根据沉积岩形成阶段可以分为沉积的、成岩的、后生的等。

（二）沉积构造的成因

1. 物理成因构造

物理成因的原生沉积构造是由于沉积物在搬运和沉积时以及沉积后不久在流体、重力等因素作用下产生的。可以分为三类：流动成因构造、同生变形构造、暴露成因构造。

1）流动成因构造

流动成因构造是指沉积物在搬运和沉积时在流体（主要是水和空气）的流动作用下形成的构造。常见的包括层面构造、层理构造、叠瓦状构造等。

（1）层面构造是沉积岩层面上保留的自然作用痕迹。常见的层面构造有波痕、冲刷痕、压刻痕等。

波痕是非黏性砂质沉积物层面上特有的波状起伏的层面构造。根据波痕的形态和环境可以分为浪成波痕、流水波痕和风成波痕。浪成波痕波峰尖锐、波谷圆滑、形状对称，由动荡水流形成，指示海、湖浅水地带环境；流水波痕波峰波谷均较圆滑，呈不对称状，指示河流和存在底流的海、湖近岸地带环境；风成波痕呈不对称状，不对称度比流水波痕更大，指示沙漠、海、湖滨岸的沙丘沉积环境。

冲刷痕通常形成于泥质沉积物的表面，以上覆砂质层底面上的铸型形式保存下来。最常见的形式是槽痕与槽模，槽痕凹坑的深浅缓陡可以指示其形成环境是上游位置还是下游位置；槽模的突起顺着水流的方向排列，指示上游的水流方向。

压刻痕通常为水流所携带的物体在松软的沉积物表面运动时所刻蚀出来的痕迹，可以指明其形成环境为流水相的沉积环境。

（2）层理构造是沉积物沉积时在层内形成的成层构造。常见的层理类型有水平层理、平行层理、波状层理、交错层理、递变层理、韵律层理、块状层理等。

水平层理由彼此平行的且平行层面的纹层组成，纹层厚度 1~2mm，是低能或静水环境的标志之一。

平行层理是强水动力条件下形成的纹层相互平行且平行层面的层理，由中粗沙、砾组成，反映水流的搬运能力较强的高流态条件下的平坦底床环境。

波状层理纹层呈对称或不对称的波状，但总的方向平行于层面，反映水介质稍浅的地区，如海、湖的浅水地带及河漫滩等地区。

交错层理包括一系列与层系面或层面斜交的内部纹层所组成的沉积单位，常见于海、湖的滨岸带和浅水区、三角洲及河流等沉积物中。

递变层理也称粒序层理，是以粒度递变为特征的沉积单位，常见于浊流环境中，在潮坪、河滩、三角洲、陆棚等处亦可见零星分布。

韵律层理代表了一种季节性潮汐环境或浊流沉积相环境，反映了一种随季节性变化而变化的沉积构造。

块状层理为肉眼甚至借助仪器也辨认不出层内纹理的沉积层，成因包括快速堆积无分选成因、静水和深水环境成因以及生物扰动成因。

（3）叠瓦状构造主要是指扁平砾石在流水的作用下均向同一方向排列的现象，砾石最大扁平面的倾斜方向可以指示水流环境的方向。

2）同生变形构造

同生变形构造是在沉积物沉积过程中，由于重力、流体压力等因素作用而产生的变形构造。常见的同生变形构造有包卷层理、滑塌构造等。

3）暴露成因构造

暴露成因构造是沉积物沉积后，在出露地表期间由于风化、干裂等作用形成的构造。常见的暴露成因构造有干裂、雨痕、盐霜、盐类假晶等。

（1）干裂是沉积物露出水面后由于失水收缩而产生的裂缝，裂缝形状可以是多边形、不规则形等，裂缝中可以填充其他物质。干裂是沉积物暴露地表的证据，常见于河流、湖泊、三角洲等沉积环境中。

（2）雨痕是雨滴落在软泥沉积物表面时，由于其冲击作用而形成的圆形或椭圆形的凹坑，凹坑中可以填充其他物质。雨痕是沉积物暴露地表的证据，常见于湖泊、沼泽等沉积环境中。

（3）盐霜是沉积物中可溶性盐类蒸发后在地表形成的白色薄膜或结晶体。盐霜可以反映沉积物中的盐分含量和蒸发环境。

（4）盐类假晶是沉积物中的可溶性盐类蒸发后，其晶体形状被其他物质所替代而形成的构造。盐类假晶可以反映沉积物中的盐分种类和蒸发环境。

2. 化学成因构造

化学成因的原生沉积构造是由于沉积物或沉积岩中的某些成分，在沉积过程中或沉积后通过化学作用形成的。常见的化学成因构造有结核、晶痕、化石化等。

1）结核

结核是沉积物或沉积岩中某种物质围绕一个核心凝聚而成的结核体。结核的形状可以是球形、椭圆形、不规则形等，大小可以从几毫米到几米不等。结核可以反映沉积物中的物质来源和化学作用过程。

2）晶痕

晶痕是沉积物或沉积岩中某些成分通过化学作用形成的晶体痕迹。晶痕可以反映沉积物中的化学成分和温度、压力等物理条件。

3）化石化

化石化是生物遗体在沉积物中经过化学作用形成的化石。化石化可以反映生物的种类、数量、分布等生态信息，以及沉积环境的变迁。

3. 生物成因构造

生物成因的原生沉积构造是由生物的生命活动或遗体遗骸在沉积过程中或沉积后形成的。常见的生物成因构造有生物遗迹、生物扰动构造等。

1）生物遗迹

生物遗迹是生物在沉积物中活动留下的痕迹，如足迹、爬痕、钻孔等。生物遗迹可以反映生物的种类、数量、活动习性等生态信息，以及沉积环境的变迁。

2）生物扰动构造

生物扰动构造是生物在沉积物中活动引起的沉积物结构的破坏和重新排列。生物扰动构造可以反映生物的种类、数量、活动强度等生态信息，以及沉积物的物理性质和沉积环境的变迁。

二、层理特征与沉积环境推断

层理是沉积岩中重要的构造特征，是沉积物在沉积过程中形成的成层结构。砾石层作为沉积岩的一种，其层理特征对于推断沉积环境具有重要意义。本书将详细探讨砾石层的层理特征及其与沉积环境的关系。

（一）砾石层层理特征

砾石层的层理特征主要包括水平层理、交错层理、平行层理、波状层理等。这些层理特征反映了沉积物在沉积过程中的不同搬运方式和沉积条件。

1. 水平层理

水平层理是沉积物在静水或弱水动力条件下缓慢沉积而形成的。在砾石层中，水平层理表现为砾石颗粒大致呈水平排列，层与层之间界面清晰。这种层理特征通常出现在湖泊、沼泽等静水环境中，也可能出现在河流的泛滥平原或河口湾等低能环境中。

2. 交错层理

交错层理是沉积物在定向水流的作用下形成的，表现为一系列斜交于层面的纹层。在砾石层中，交错层理常表现为砾石颗粒在层面上呈斜向排列，形成斜层理或楔状交错层理。这种层理特征通常出现在河流、海滩等定向水流较强的环境中，指示了沉积物在搬运过程中受到了水流方向的强烈影响。

3. 平行层理

平行层理由一系列彼此平行且平行于层面的纹层组成，纹层之间通常没有明显的冲刷面。在砾石层中，平行层理表现为砾石颗粒在层面上呈平行排列，形成平滑的层面。这种层理特征通常出现在河流、海滩等平坦的底床上，指示了沉积物在搬运过程中受到了均匀的水流作用。

4. 波状层理

波状层理是沉积物在波浪的作用下形成的，表现为纹层呈波浪状起伏。在砾石层中，波状层理常表现为砾石颗粒在层面上呈波浪状排列，形成波浪状起伏的层面。这种层理特征通常出现在海洋、湖泊等波浪作用较强的环境中，指示了沉积物在搬运过程中受到了波浪的强烈影响。

（二）砾石层层理与沉积环境推断

通过对砾石层层理特征的分析，可以推断出沉积物的搬运方式和沉积环境。

1. 水平层理与静水环境

水平层理是沉积物在静水或弱水动力条件下缓慢沉积而形成的。在砾石层中，水平层理的出现通常指示了沉积物在搬运过程中受到了较弱的水流作用，沉积环境可能为湖泊、沼泽等静水环境。此外，水平层理也可能出现在河流的泛滥平原或河口湾等低能环境中，这些环境的水流速度较慢，沉积物能够缓慢沉积并形成水平层理。

2. 交错层理与定向水流环境

交错层理是沉积物在定向水流的作用下形成的。在砾石层中，交错层理的出现通常指示了沉积物在搬运过程中受到了强烈的定向水流作用。这种定向水流可能来自河流、海滩等环境。在河流环境中，交错层理的出现通常与河流的流速、流向和底床形态等因素有关。在海滩环境中，交错层理则可能由海浪的冲刷和搬运作用形成。通过对交错层理的分析，可以进一步推断出沉积环境的详细特征，如河流的宽度、流速、流向以及海滩的坡度、波浪大小等。

3. 平行层理与平坦底床环境

平行层理是由一系列彼此平行且平行于层面的纹层组成。在砾石层中，平行层理的出现通常指示了沉积物在搬运过程中受到了均匀的水流作用，沉积环境可能为河流、海滩等平坦的底床。在这种环境中，水流速度适中且方向稳定，沉积物能够均匀沉积并形成平行层理。通过对平行层理的分析，可以进一步推断出沉积环境的底床形态和水流特征。

4. 波状层理与波浪作用环境

波状层理是沉积物在波浪的作用下形成的。在砾石层中，波状层理的出现通常指示了沉积物在搬运过程中受到了波浪的强烈影响。这种波浪作用可能来自海洋、湖泊等环境。在海洋环境中，波状层理的出现通常与海浪的大小、方向和频率等因素有关。在湖泊环境中，波状层理则可能由湖浪的冲刷和搬运作用形成。波状层理的存在不仅反映了沉积物在搬运过程中受到了波浪的强烈影响，还提供了关于波浪特征、水深、沉积物供应速率等沉积环境信息。

在海洋环境中，波状层理通常出现在浅海区域，特别是那些受到较强波浪作用的地方。这里的波浪可能是由风生成的，也可能是由潮汐驱动的。波状层理的形态和规模可以提供关于波浪大小、方向和频率的线索。例如，较大的波浪可能会产生更明显的波状起伏，而较小的波浪则可能形成更细微的纹理。此外，波状层理还可以反映沉积物供应速率的变化。当沉积物供应速率较高时，波状层理可能会被新的沉积物覆盖，从而形成较厚的沉积层。相反，当沉积物供应速率较低时，波状层理可能会更加清晰地保留下来。

在湖泊环境中，波状层理也可能出现，特别是在湖泊的浅水区域或靠近湖岸的地方。这里的波浪通常是由风生成的，并可能受到湖泊形态、水深和风向等多种因素的影响。与海洋环境类似，湖泊中的波状层理也可以提供关于波浪特征、水深和沉积物供应速率的线索。然而，与海洋环境相比，湖泊中的波状层理可能更加复杂和多变，因为湖泊的水深、形态和沉积物来源等因素都可能发生变化。

除了以上提到的几种典型层理特征外，砾石层中还可能存在其他类型的层理，如递变层理、韵律层理等。这些层理特征同样可以提供关于沉积环境的信息。例如，递变层理通常出现在沉积物粒度发生显著变化的地方，这可能是水流速度的变化、沉积物来源的变化或沉积环境的变迁等原因造成的。韵律层理则可能反映了沉积过程中周期性变化的环境条件，如季节性气候变化、潮汐周期等。

综上所述，砾石层的层理特征对于推断沉积环境具有重要意义。通过对砾石层层理特征的分析和解释，我们可以了解沉积物的搬运方式、沉积环境以及沉积过程中可能发生的各种变化。这些信息对于地质勘探、油气资源评价、古环境重建等领域都具有重要的应用价值。因此，在进行沉积学研究时，应充分重视砾石层层理特征的观察和分析工作，并结合其他地质证据进行综合解释和推断。

在实际应用中，我们还需要注意以下几点：

1. 层理特征的多样性

砾石层的层理特征可能因沉积环境的不同而呈现多样性。因此，在进行层理特征分析时，应充分考虑沉积环境的复杂性和多变性，避免过于简单化的解释和推断。

2. 层理特征的保存状况

砾石层的层理特征在保存过程中可能会受到各种因素的影响，如压实作用、化学风化作用等。这些因素可能会导致层理特征的模糊或消失。因此，在进行层理特征分析时，应充分考虑这些因素对层理特征保存状况的影响。

3. 与其他地质证据的结合

砾石层的层理特征只是沉积学研究中的一个方面。为了更准确地推断沉积环境，我们还需要结合其他地质证据进行综合分析和解释。例如，可以结合沉积物的粒度分布、化学成分、化石记录等信息进行综合分析，以更全面地了解沉积环境的特征和变化过程。

第三节　砾石层年代学研究

砾石层作为地质记录中的重要组成部分，其年代学研究对于理解地质历史、古环境变迁以及地球表层过程具有重要意义。砾石层的年代学研究不仅有助于揭示沉积盆地的演化历史，还能为气候变化、构造活动、海平面变化等研究提供重要时间标尺。本节将详细探讨砾石层的年代学研究方法，包括地质年代测定方法和年代框架构建。

一、地质年代测定方法

地质年代测定是地质学中的一个重要领域，它利用多种技术手段来确定岩石、沉积物等地质体的形成年龄。对于砾石层来说，由于其成分复杂、成因多样，选择合适的年代测定方法显得尤为重要。以下将介绍几种常用的地质年代测定方法及其在砾石层年代学研究中的应用。

（一）放射性同位素测年法

放射性同位素测年法是利用放射性同位素的衰变规律来确定地质体的年龄。这种方法具有精度高、适用范围广等优点，是地质年代学研究中最常用的方法之一。

1. K-Ar 法

K-Ar 法（钾-氩法）是利用钾元素（K）衰变成氩元素（Ar）的过程来测定年龄的。钾元素在自然界中广泛存在，特别是在火山岩和沉积岩中。当岩石形成后，其中的钾元素开始衰变成氩元素，并逐渐积累在岩石的孔隙中。通过测量岩石中钾和氩的含量，可以计算出岩石的年龄。

K-Ar 法在砾石层年代学研究中的应用主要集中在火山砾石层上。由于火山砾石层中常含有火山灰或火山熔岩碎片，这些物质中富含钾元素，因此适合采用 K-Ar 法进行年龄测定。然而，需要注意的是，K-Ar 法对于年轻岩石（<10Ma）的测定较为准确，对于更古老的岩石则可能受到封闭温度、扩散等因素的影响，导致测定结果的不确定性增大。

2. U-Pb 法

U-Pb 法（铀-铅法）是利用铀元素（U）衰变成铅元素（Pb）的过程来测定年龄的。铀元素在自然界中主要以 U238 和 U235 两种同位素形式存在，它们分别衰变成 Pb206 和 Pb207。通过测量岩石中铀和铅的含量及其同位素比值，可以计算出岩石的年龄。

U–Pb法在砾石层年代学研究中的应用相对较少，因为砾石层中通常缺乏富含铀元素的矿物。然而，在某些特定情况下，如含有铀矿化的砾石层或含有放射性成因铅的砾石层中，U–Pb法可能成为一种有效的年龄测定方法。

3. ^{40}Ar–^{39}Ar 法

^{40}Ar–^{39}Ar法（氩–氩法）是利用钾元素衰变产生的放射性氩同位素（^{40}Ar）与其衰变产物（^{39}Ar）之间的比值关系来测定年龄的。这种方法与K–Ar法类似，但具有更高的精度和更广泛的应用范围。

^{40}Ar–^{39}Ar法在砾石层年代学研究中的应用主要集中在火山砾石层和含有火山成分的沉积砾石层上。通过测量岩石中^{40}Ar和^{39}Ar的含量及其比值，可以计算出岩石的年龄。这种方法对于年轻岩石（<50Ma）的测定尤为准确，但需要注意的是，对于更古老的岩石，由于封闭温度和扩散等因素的影响，测定结果的不确定性可能会增大。

（二）古地磁测年法

古地磁测年法是利用地球磁场的历史变化来测定地质体的年龄。地球磁场在地质历史时期中经历了多次反转和变化，这些变化被记录在沉积岩和火山岩等地质体中。通过测量这些地质体中的磁性矿物记录下的地球磁场方向，可以与标准古地磁极性年表进行对比，从而确定地质体的年龄。

古地磁测年法在砾石层年代学研究中的应用相对广泛。由于砾石层中常含有磁性矿物（如磁铁矿、赤铁矿等），这些矿物能够记录下地球磁场的历史变化。通过采集砾石层中的磁性矿物样品，并进行古地磁测量，可以与标准古地磁极性年表进行对比，从而确定砾石层的年龄。

然而，需要注意的是，古地磁测年法在某些情况下可能受到采样、测试工作量巨大以及多解性等因素的影响。特别是在粗大砾石沉积中，难以采集到足够的合格古地磁样品，且实测极性柱与标准古地磁年表的对比中存在多解性。因此，在使用古地磁测年法时，需要谨慎考虑这些因素，并采取必要的措施来减少误差和提高准确性。

为了克服古地磁测年法在砾石层年代学研究中的局限性，研究者们常常采用其他辅助手段进行综合分析。例如，结合沉积学、地貌学、构造地质学等多学科的知识和方法，对砾石层的沉积环境、搬运方式、成岩作用等进行深入研究，从而更准确地推断砾石层的年龄。

（三）生物地层学方法

生物地层学方法是通过研究地层中保存的生物化石来推断地质体的年龄。生物化石是生物遗体或遗迹在地质历史时期中被埋藏并保存下来的物质，它们记录了生物演化的历史。通过比较不同地层中生物化石的种类、形态和组合特征，可以建立生物地层序列，并据此推断地质体的年龄。

在砾石层年代学研究中，生物地层学方法的应用主要集中在含有生物化石的砾石层上。这些化石可能来自古生物遗体、贝壳、骨骼等，它们被搬运并沉积在砾石层中。通过采集这些化石样品，并进行分类、鉴定和对比分析，可以建立砾石层的生物地层序列，并据此推断其年龄。

然而，需要注意的是，生物地层学方法在砾石层年代学研究中也存在一定的局限性。由于砾石层中化石的含量和保存状况可能受到多种因素的影响（如搬运距离、沉积环境、成岩作用等），因此有时难以获得完整的生物地层序列。此外，不同地区的生物地层序列可能存在差异，因此需要谨慎对待跨区域的对比和推断。

（四）其他方法

除了上述方法，还有一些其他方法也被用于砾石层的年代学研究。例如，热释光测年法、电子自旋共振测年法等物理方法，以及氨基酸测年法、古气候重建等化学和生物学方法。这些方法各有优缺点，适用范围也不同，因此需要根据具体的研究对象和目的选择合适的方法。

二、年代框架构建

年代框架构建是地质年代学研究中的一个关键环节，对于理解地质事件的时间序列、揭示古环境变迁以及探讨地球表层过程具有重要意义。在砾石层年代学研究中，年代框架的构建不仅能够提供沉积历史的时间标尺，还能为构造活动、气候变化等研究提供重要依据。本节将详细探讨砾石层年代框架构建的过程和方法。

（一）年代框架构建的基本原理

年代框架构建的基本原理在于通过整合多种地质证据，建立地质体或地质事件的时间演化序列。这些地质证据可能来自放射性同位素测年、古地磁测年、生物地层学、沉积学等多个领域。在构建年代框架时，我们需要充分考虑各种证据的准确性和可靠性，以及它们之间的关联性和一致性。

（二）砾石层年代框架构建的过程

砾石层年代框架构建的过程包括数据收集与整理、年代序列建立、年代框架优化与验证等多个环节。

1. 数据收集与整理

数据收集是构建年代框架的第一步。对于砾石层来说，我们需要收集与沉积历史、构造活动、古环境变迁等相关的各种数据。这些数据可能来自放射性同位素测年结果、古地磁极性记录、生物化石组合特征、沉积相标志等多个方面。

在收集数据的过程中，我们需要注意以下几点：

1）数据来源的可靠性

确保所收集的数据来自可靠的研究机构和人员，避免引入误差和误导性信息。

2）数据的准确性和精度

对于放射性同位素测年等需要高精度测量的方法，我们需要确保测量结果的准确性和精度。对于其他类型的数据，我们也需要进行充分的验证和校核。

3）数据的完整性和一致性

在收集数据时，我们需要确保数据的完整性和一致性，避免遗漏重要信息或引入不一致的数据。

在收集到足够的数据后，我们需要对这些数据进行整理和分析。这包括将不同来源的数据进行归一化处理，以便进行比较和分析；同时，还需要对数据进行筛选和分类，以便后续的年代序列建立和年代框架优化。

2. 年代序列建立

年代序列建立是构建年代框架的核心环节。在建立年代序列时，我们需要根据收集到的数据，结合地质逻辑和沉积过程，推断出不同层位或地质事件的相对年龄关系。

在建立年代序列时，我们需要注意以下几点：

1）地质逻辑的应用

在推断相对年龄关系时，我们需要充分考虑地质逻辑的影响。例如，根据沉积速率和沉积环境推断不同层位的相对年龄；根据构造活动记录推断地层之间的错断和剥蚀关系等。

2）数据的综合分析和比较

在建立年代序列时，我们需要对收集到的数据进行综合分析和比较。这包括比较通过不同方法得到的年龄数据，评估它们的准确性和可靠性；同时，还需要比较不同层位或地质事件的沉积特征和生物化石组合特征，以推断它们之间的相对年龄关系。

3）年代序列的合理性检验

在建立年代序列后，我们需要对其进行合理性检验。这包括检查年代序列是否符合地质逻辑和沉积过程；同时，还需要与其他地质证据进行比较和验证，以确保年代序列的准确性和可靠性。

3. 年代框架优化与验证

年代框架优化与验证是构建年代框架的最后一步。在优化与验证过程中，我们需要对年代序列进行进一步的调整和完善，以确保其准确性和可靠性。

在优化年代框架时，我们可以考虑以下几个方面：

1）引入新的地质证据

随着研究的深入和技术的进步，我们可能会发现新的地质证据或新的年代测定方法。这些新的证据或方法可能有助于我们更准确地推断相对年龄关系或修正年代序列中的误差。

2）考虑地质过程的复杂性

地质过程往往是复杂多变的，可能会受到多种因素的影响。因此，在优化年代框架时，我们需要充分考虑地质过程的复杂性，以便更准确地推断相对年龄关系或解释地质现象。

3）进行年代框架的验证

在优化年代框架后，我们需要对其进行验证。这包括与其他地质证据进行比较和验证，以确保年代框架的准确性和可靠性；同时，还需要将年代框架应用于实际的地质问题研究中，以检验其适用性和有效性。

在验证年代框架时，我们可以采用多种方法和技术手段。例如，可以利用地质剖面进行实地观察和测量；可以利用地球物理和地球化学方法进行探测和分析；还可以利用数值模拟和实验模拟等方法进行验证和预测。

（三）砾石层年代框架构建的应用与挑战

砾石层年代框架的构建在地质学、古环境学和地球科学等多个领域具有广泛的应用价值。通过构建准确的年代框架，我们可以更深入地理解砾石层的沉积历史、古环境变迁以及与其他地质事件的关联。这些信息对于揭示地球表层过程的演化规律、预测未来地质环境变化以及指导资源开发和环境保护等具有重要意义。

然而，在砾石层年代框架构建过程中也面临着一些挑战。首先，砾石层的成分复杂且多变，给年代测定带来了一定的困难。其次，不同年代测定方法之间存在一定的误差范围和不确定性，需要综合考虑多种方法进行相互验证和校正。最后，砾石层的沉积过程和构造背景往往受到多种因素的影响，需要综合考虑多种地质证据来构建准确的年代框架。

第五章　砾石层沉积的环境意义

第一节　气候环境变化记录

砾石层作为地质记录的重要组成部分，不仅记录了地球表层的沉积过程，还蕴含着丰富的气候环境变化信息。通过对砾石层的深入研究，我们可以揭示气候事件的响应机制，探讨气候变化模式，为理解地球气候系统的演化提供重要依据。

一、气候事件的砾石层响应

气候事件，如干旱、洪水、冰期等，对地球表层环境产生深远影响。这些气候事件在砾石层中留下了明显的痕迹，成为我们研究气候环境变化的重要线索。

（一）干旱事件的响应

干旱事件通常会导致河流径流量减少，沉积物搬运能力下降，从而在砾石层中形成特定的沉积特征。例如，在干旱期间，河流可能转变为间歇性流水，沉积物颗粒的分选性变差，细粒物质被风化或吹走，留下粗大的砾石。这种沉积特征在砾石层中表现为粗粒砾石层的出现，以及砾石层内部颗粒大小的明显变化。

此外，干旱事件还可能导致土壤侵蚀加剧，形成风成沉积物。这些风成沉积物可能覆盖在砾石层之上，形成风成黄土或风成沙层。通过对这些风成沉积物的分析，我们可以进一步了解干旱事件的强度、持续时间和影响范围。

（二）洪水事件的响应

洪水事件是另一种常见的气候事件，对砾石层的沉积特征产生显著影响。洪水期间，河流径流量急剧增加，沉积物搬运能力增强，形成大量的冲积扇和洪积扇。这些冲积扇和洪积扇通常由粗大的砾石和沙砾组成，具有明显的层理结构和沉积构造。

在洪水事件中，河流可能携带大量的悬浮物和溶解物质，这些物质在沉积过程中可能形成特定的化学沉积物，如石膏、岩盐等。这些化学沉积物的出现，不仅为洪水事件提供了直接的证据，还为我们了解洪水期间的沉积环境和化学过程提供了重要信息。

（三）冰期事件的响应

冰期事件对砾石层的沉积特征同样产生显著影响。在冰期期间，冰川的扩展和退缩导致河流径流量的变化，从而影响沉积物的搬运和沉积过程。冰川的侵蚀作用会形成大量的冰碛物，这些冰碛物可能覆盖在砾石层之上或与之混合。

冰期期间的气候条件通常较为寒冷干燥，这可能导致河流的沉积速率降低，沉积物颗粒的分选性变差。同时，冰川的退缩过程中可能形成冰湖溃决洪水，这些洪水事件会在砾石层中形成特定的沉积特征，如洪水沉积层或冰碛洪水沉积层。

通过对砾石层中冰碛物、洪水沉积层等特征的分析，我们可以了解冰期事件的强度、持续时间和影响范围，以及冰川与河流之间的相互作用关系。

（四） 砾石层中的气候事件序列

砾石层中不同层位的沉积特征反映了不同气候事件的响应。通过对砾石层进行详细的沉积学研究，我们可以建立气候事件序列，揭示气候变化的规律和趋势。

例如，在宜昌砾石层中，通过对其沉积相和粒度特征的分析，研究人员发现该砾石层具有典型的冲积扇沉积环境特征，主要为冲积扇扇顶部分。这些冲积扇在宜昌东南地区如此大规模的发育，显示其形成时具有强大的水动力条件。进一步的研究认为，该冲积扇为长江三峡贯通的产物，而三峡贯通应在距今 1.0Ma 之前。这一发现为我们了解长江三峡的形成演化以及区域气候环境的变化提供了重要线索。

此外，在青藏高原北部砾石层中，研究人员通过对其粒径变化的分析，发现粗、细旋回砾石层中沉积物颗粒组成的差异反映了不同气候条件下的河流搬运能力和沉积环境。细粒砾石旋回层中的沉积物颗粒组成基本为双峰型，反映颗粒分选差，类似高黏度洪水—稀性泥石流的粒度组成特点，可能反映干冷冰期中河流水量较小的情况。而粗粒砾石旋回层中的沉积物颗粒组成则为明显的单峰型，峰值集中在 8～25cm 之间，明显缺乏 2mm 以下的细粒物质，可能反映相对温湿的间冰期中河流水量较大的情况。这些发现为我们了解青藏高原地区的气候变化模式提供了重要依据。

二、气候变化模式探讨

通过对砾石层中气候事件的响应特征进行分析，我们可以进一步探讨气候变化模式，揭示地球气候系统的演化规律。

（一）周期性气候变化

砾石层沉积特征往往呈现出周期性变化的特点，这些周期性变化与地球轨道参数的变化、太阳辐射强度的变化等密切相关。例如，地球轨道的偏心率、倾斜角和岁差等参数的变化会影响地球接收到的太阳辐射量，从而影响气候系统的稳定性。通过对这些周期性波动的研究，我们可以了解气候变化的周期性和规律性。例如，在黄土高原地区，研究人员通过对黄土—古土壤序列的研究，发现其记录了约 2.5Ma 以来的气候变化历史，其中包含了多个冰期—间冰期旋回。这些旋回与地球轨道参数的变化密切相关，为我们理解气候变化的周期性提供了重要依据。

（二）区域性气候变化

砾石层沉积特征还反映了区域性气候变化的特点。不同地区的风尘堆积在沉积特征上存在差异，这些差异与当地的地理位置、地形地貌、植被覆盖等因素密切相关。通过对不同地区砾石层沉积特征的比较研究，我们可以了解区域性气候变化的差异和规律。例如，在中国西北地区，研究人员通过对不同地段砾石层的沉积学研究，发现其记录了该地区晚新生代以来的气候变化历史。这些记录显示，该地区在晚新生代经历了多次干旱—湿润的交替变化，这些变化与全球气候变化和区域地形地貌的演化密切相关。

（三）气候变化与人类活动的关系

砾石层中的沉积特征还反映了人类活动对气候变化的影响。随着人类社会的发展，人类活动对自然环境的影响日益显著，这些影响在砾石层中也有所体现。例如，在人类活动频繁的地区，砾石层中可能出现文化层或人工堆积物，这些堆积物的出现与人类活动密切相关。通过对这些文化层或人工堆积物的分析，我们可以了解人类活动对气候变化的影响方式和程度。例如，在中国黄土高原地区，研究人员通过对黄土中炭屑、石器等文化遗物的分析，发现其记录了人类活动在该地区的演化历史。这些记录显示，人类活动在黄土高原地区的历史可以追溯到距今数十万年前，而这些活动对当地的气候环境和生态系统产生了显著影响。

（四）未来气候变化趋势的预测

通过对砾石层中气候事件响应特征和气候变化模式的研究，我们还可以对未来气候变化趋势进行预测。虽然未来的气候变化受到多种因素的影响，但通过对历史气候记录的深入研究，我们可以了解气候变化的规律和趋势，为未来的气候预测和应对提供重要参考。例如，在青藏高原地区，研究人员通过对砾石层中沉积特征的研究，发现该地区的气候变化与全球气候变化密切相关。随着全球气候变暖的加剧，青藏高原地区的气候也可能发生显著变化，如降水量增加、冰川退缩等。

综上所述，砾石层作为地质记录的重要组成部分，为我们了解气候环境变化提供了重要线索。通过对砾石层中气候事件的响应特征和气候变化模式的研究，我们可以揭示地球气候系统的演化规律，为未来的气候预测和应对提供科学依据。同时，我们也需要加强气候监测和应对工作，以减少人类活动对自然环境的影响，保护地球家园的可持续发展。

第二节　古地貌重建

砾石层，作为沉积物中的一种重要类型，不仅在沉积学和地质学中占据着关键地位，还为我们重建古地貌提供了宝贵的证据。通过对砾石层的深入研究和综合分析，我们能够了解过去地貌演化的历史，进而对古地形进行恢复，探讨景观的变迁过程。

一、地貌演化的砾石层证据

砾石层中保存了大量的地质信息，这些信息是我们重建古地貌的关键依据。通过考察砾石层的来源、沉积环境、空间分布及其变化特征，我们可以逐步揭示地貌演化的过程。

（一）砾石层的来源与地貌侵蚀

砾石层的物质来源多样，通常包括邻近的山地、河流的冲刷、冰川的侵蚀等。研究砾石层的来源有助于我们了解不同地质时期侵蚀作用的方式和强度。例如，冰川侵蚀的砾石层往往含有丰富的冰川条痕石，而河流侵蚀的砾石层则具有较为均匀的粒径分布。

在地貌演化的过程中，侵蚀作用常常伴随着堆积作用。通过砾石层的分布特征和组成，我们可以推测其原始的侵蚀地形，以及后续搬运和堆积过程中的地形变化。如河谷地貌的拓宽、山区地貌的抬升等，都能在砾石层的分布中找到线索。

（二）砾石层的沉积环境与地貌特征

砾石层的沉积环境与其所处的地貌特征密切相关。在不同的地貌背景下，砾石层的沉积方式和厚度会发生变化。例如，在山地地貌中，砾石层通常呈现出倾斜状堆积，其厚度与坡度和岩性密切相关；而在河流地貌中，砾石层则常出现在河床底部，厚度较为均匀，但随着河流的弯曲和侵蚀，砾石层的形态也会发生变化。

通过详细分析砾石层的沉积环境和堆积特征，我们可以了解地貌在时间和空间上的变化过程。这些变化可能包括河流流改道、湖岸线的进退、山体的抬升和崩塌等。同时，砾石层中的层理、波痕等沉积构造也为我们提供了丰富的地貌演化信息。

（三） 砾石层的时空分布与地貌演化序列

砾石层的时空分布规律能够反映出地貌演化的阶段性和区域性特征。在不同的地质时期，由于气候、构造等因素的变化，地貌会发生相应的调整。这种调整在砾石层的分布中表现为沉积环境的转换、沉积物源的变化以及堆积厚度的差异等。

通过对多个地质剖面的详细观察和对比分析，我们可以建立起地貌演化的时间序列。在这个序列中，每一个地质时期的地貌特征都有其独特的砾石层标志。同时，不同地区的地貌演化也可能呈现出相似的阶段性和特征性，这为我们研究区域地貌演化的共同规律提供了基础。

（四） 砾石层中的生物与古环境

砾石层中保存的生物化石和古环境指标是我们了解古地貌生态环境的重要窗口。通过对砾石层中动植物化石的鉴定和分析，我们可以了解过去气候、植被和水体条件等信息。这些信息不仅有助于我们还原古地貌的生态环境，还能为我们探讨地貌演化的生态效应提供有力证据。例如，在河流地貌的砾石层中，常见的动植物化石包括鱼类、两栖类、爬行类等水生生物，以及植物碎屑、种子等陆生生物。这些化石不仅记录了古河流的水位、流速等水文特征，还反映了古植被的分布和组成。通过这些信息，我们可以更深入地了解河流地貌在古生态背景下的演化过程。

二、古地形恢复与景观变迁

基于砾石层所提供的地貌演化证据，我们可以进一步恢复古地形，并探讨景观的变迁过程。这一过程涉及地质、地貌、生态等多个学科的综合分析，有助于我们全面理解地球表面的演化历史。

（一）砾石层与古地形恢复

古地形恢复是一个复杂而细致的过程，需要运用多种方法和技术。这些方法和技术包括但不限于地质填图、剖面测量、地貌建模、地球物理勘探和遥感技术等。

1. 地质填图

地质填图是通过实地考察和观测，将不同地质单元及其关系在地形图上绘制出来的一种方法。在砾石层的研究中，地质填图可以帮助我们确定砾石层的分布范围、厚度和层序关系，进而推测古地形的形态和演化。

2. 剖面测量

剖面测量则是对地质剖面进行详细观察和测量的一种方法。通过剖面测量，我们可以获得砾石层的内部结构、粒径分布、沉积构造等详细信息，这些信息对于恢复古地形和探讨景观变迁具有重要意义。

3. 地貌建模

地貌建模是利用数学模型和计算机模拟技术对地貌演化进行定量研究和预测的一种方法。通过输入地质、气候、植被等参数，我们可以模拟不同地质时期的地貌演化过程，从而更直观地理解古地形的形成和变化。

4. 地球物理勘探技术

地球物理勘探技术，如地震勘探、电法勘探、重力勘探等，能够穿透地表覆盖层，探测地下的地质结构和岩性分布。这些技术对于恢复被埋藏的古地形具有重要意义，可以为我们提供地下地形的三维图像，帮助我们更准确地理解古地貌的演化过程。

5. 遥感技术

遥感技术则是利用卫星、飞机等遥感平台，通过摄取地表的影像数据，对地貌进行远距离观测和分析的一种方法。遥感技术具有覆盖范围广、观测周期短、数据获取快等优点，可以为我们提供大范围的地貌信息，有助于我们宏观上把握地貌演化的规律和趋势。

在实际研究中，专家学者已经成功利用砾石层等地质记录恢复了多个地区的古地形。例如，在中国黄土高原地区，研究人员通过对黄土—古土壤序列的详细分析和对比，结合地貌建模和遥感技术，成功恢复了该地区晚新生代以来的古地形演化过程。研究结果显示，黄土高原在晚新生代经历了多次构造抬升和侵蚀剥蚀，形成了现今的地貌格局。在青藏高原地区，研究人员也通过砾石层等地质记录成功恢复了该地区的古地形。通过对砾石层的来源、沉积环境和时空分布进行详细分析，结合地球物理勘探和遥感技术，研究人员揭示了青藏高原在新生代以来的强烈构造抬升和地貌演化过程。这些研究成果不仅有助于我们理解青藏高原的形成和演化机制，还为该地区的生态环境保护和可持续发展提供了科学依据。

（二）砾石层与景观变迁

古地形的恢复为我们探讨景观变迁提供了重要基础。景观变迁是指地球表面在地质历史时期所经历的形态和生态环境的变化过程。这些变化可能包括河流的改道、湖泊的消长、山体的抬升和崩塌等自然过程，也可能包括人类活动对地表形态的改造和利用等人为过程。

通过对古地形的恢复和对比，我们可以了解景观在不同地质时期的形态和生态环境特征。这些特征不仅有助于我们理解景观的演化过程和机制，还能为我们预测未来景观的变化趋势提供科学依据。例如，在中国长江流域，研究人员通过对砾石层等地质记录的研究，揭示了该地区河流景观的演化过程。研究结果显示，长江流域的河流在地质历史时期经历了多次改道和侵蚀剥蚀过程，形成了现今的河流网络和水系格局。

这些研究成果不仅有助于我们理解长江流域的河流演化机制，还为该地区的防洪、航运和水资源管理等提供了科学依据。

此外，在人类活动频繁的地区，景观变迁往往与人类活动密切相关。通过对古地形的恢复和对比，我们可以了解人类活动对地表形态的改造和利用过程，探讨人类活动对景观演化的影响方式和程度。这些研究成果有助于我们更好地理解人类与自然环境的相互作用关系，为未来的生态环境保护和可持续发展提供科学依据。

（三）古地貌重建与生态环境的关系

古地貌重建不仅有助于我们了解地球表面的演化历史，还能为我们探讨生态环境的变化提供重要线索。地貌的演化往往伴随着生态环境的变迁，这些变迁可能包括植被的分布和组成、气候的变化和降水量的增减等。

通过对古地貌的重建和对比，我们可以了解不同地质时期生态环境的特征和变化过程。这些特征和变化过程不仅有助于我们理解生态环境的演化机制和规律，还能为我们预测未来生态环境的变化趋势提供科学依据。例如，在中国西北地区，研究人员通过对砾石层等地质记录的研究，揭示了该地区晚新生代以来的生态环境演化过程。研究结果显示，该地区在晚新生代经历了多次干旱和湿润的交替变化，这些变化与全球气候变化和区域地貌演化密切相关。这些研究成果不仅有助于我们理解中国西北地区的生态环境演化机制，还为该地区的生态环境保护和可持续发展提供了科学依据。

综上所述，砾石层作为地质记录的重要组成部分，为我们重建古地貌和探讨景观变迁提供了宝贵证据。通过对砾石层的深入研究和综合分析，我们可以了解地貌演化的过程和机制，恢复古地形和探讨景观变迁的规律和趋势。这些研究成果不仅有助于我们更好地理解地球表面的演化历史，还能为未来的生态环境保护和可持续发展提供科学依据。

第三节 人类活动与古环境相互作用

在人类历史的长河中，人类活动与自然环境之间一直存在着密切的相互作用。砾石层沉积作为古环境变迁的重要记录，不仅揭示了地球表面的自然演化过程，还保存了人类活动留下的痕迹。通过对砾石层与人类活动关系的深入研究，我们可以更好地理解人类如何适应古环境的变化，以及这些变化对人类活动产生了哪些影响。

一、砾石层与古人类遗址的关系

砾石层因其独特的沉积特性和保存环境，常常成为古人类遗址的重要载体。通过对砾石层中人类活动遗迹的研究，我们可以揭示古人类的生存方式、迁徙路径和文化发展轨迹。

（一）砾石层中的古人类遗址

在砾石层中，常常可以发现古人类遗址，遗存石器、骨器、陶器等人工制品，以及人类骨骼、住所遗迹等。这些遗址不仅为我们提供了了解古人类生活状况的直接证据，还揭示了古人类与自然环境相互作用的模式。在一些河流沉积的砾石层中，考古学家发现了丰富的石器遗址。这些石器通常是由河流中的砾石加工而成，用于狩猎、采集和农业活动。通过对石器类型和数量的分析，我们可以推测古人类的生活方式和经济活动。同时，砾石层中的石器遗址还为我们提供了古人类迁徙路径的线索，有助于我们重建古人类的迁徙历史。

（二）砾石层与人类居住地的选择

砾石层的地质特性也影响了古人类居住地的选择。在一些地区，砾石层因其良好的排水性和稳固性，成为古人类建造住所的理想材料。例如，在一些干旱地区，古人类常常利用砾石层建造半地下或地穴式住所，以抵御夏季的炎热和冬季的寒冷。这些住所不仅提供了舒适的居住环境，还保护了古人类免受野生动物的侵扰。

此外，砾石层中的天然洞穴和裂隙也常成为古人类的避难所和墓地。这些洞穴和裂隙不仅提供了安全的生活环境，还保存了丰富的文化遗产，如壁画、雕刻和陪葬品等。通过对这些文化遗产的研究，我们可以更深入地了解古人类的文化和宗教信仰。

（三）砾石层中的人类活动遗迹

除了人工制品和居住遗迹，砾石层中还保存了丰富的人类活动遗迹。这些遗迹包括人类骨骼、动物骨骼、植物遗存等，它们为我们提供了了解古人类饮食结构、生活习性和生态环境的重要信息。在一些砾石层中发现的动物骨骼常常与石器遗址相伴出现，这表明古人类在这些地区进行了狩猎活动。通过对动物骨骼的研究，我们可以了解古人类的狩猎技术、猎物种类和数量，以及狩猎活动对当地生态环境的影响。

此外，砾石层中的植物遗存也为我们提供了了解古人类农业活动的线索。通过对植物种子的鉴定和分析，我们可以推测古人类的农作物种类、种植技术和农业发展水平。这些信息不仅有助于我们重建古人类的农业历史，还为我们理解人类活动对自然环境的影响提供了重要依据。

二、环境变迁对人类活动的影响

砾石层沉积记录了地球表面的自然演化过程，这些变化对人类活动产生了深远的影响。通过对砾石层中环境变迁的研究，我们可以了解古人类如何适应这些变化，以及这些变化对人类社会的发展产生了哪些影响。

（一）气候变迁对人类活动的影响

气候是影响人类活动的重要因素之一。砾石层沉积记录了地球历史上多次气候变迁事件，如冰期和间冰期的交替、干旱和湿润的转换等。这些气候变迁对人类社会的生存和发展产生了重要影响。

在冰期，寒冷的气候条件迫使古人类向温暖地区迁徙，寻找更适合生存的环境。这种迁徙不仅改变了古人类的分布格局，还促进了不同文化之间的交流和融合。同时，冰期的寒冷气候也影响了古人类的农业生产活动，导致农作物产量下降和食物短缺等问题。

在间冰期和湿润时期，气候变暖使得植物生长茂盛、动物种群繁盛，为人类提供了丰富的食物资源。这种环境条件的改善促进了古人类社会的繁荣和发展，推动了农业、手工业和商业等领域的进步。

（二）地貌变迁对人类活动的影响

地貌变迁也是影响人类活动的重要因素之一。砾石层沉积记录了地球历史上多次地貌变迁事件，如河流改道、山脉抬升和湖泊退缩等。这些地貌变迁对人类社会的生存和发展产生了重要影响。

河流改道会导致水资源的重新分配和土地利用方式的改变。例如，一些原本肥沃的农田可能因河流改道而变成盐碱地或沙漠化地区，导致农业生产能力下降和食物短缺问题。同时，河流改道还可能引发洪涝灾害，对人类居住环境和生命安全构成威胁。古人类在面对这种地貌变迁时，往往需要采取一系列适应性措施，如迁徙、建设防洪设施、改变农业生产方式等，以应对新的挑战。

山脉抬升和湖泊退缩等地貌变迁事件也会对人类社会产生深远影

响。山脉抬升可能导致地形地貌的变化，影响交通和通信，甚至改变气候和降水模式。湖泊退缩则可能导致水资源短缺、生态环境恶化等问题，对人类社会的水资源管理、农业生产和生态平衡提出挑战。古人类在面对这些地貌变迁时，需要采取适应性措施，如开发新的水资源、调整农业种植结构、保护生态环境等，以维护社会的稳定和持续发展。

（三）沉积环境变化对人类活动的影响

沉积环境的变化也会对人类活动产生影响。沉积环境的变化可能包括沉积速率的快慢、沉积物的类型和分布等。这些变化会影响古人类的资源获取、居住环境和交通条件等方面。

沉积速率的快慢会影响沉积物的堆积和侵蚀过程，从而影响土地资源的可利用性和土壤质量。快速的沉积速率可能导致土壤肥沃度下降，甚至形成沙漠化地区，对农业生产构成威胁；而缓慢的沉积速率则可能使土壤变得肥沃，促进农业生产的繁荣。

沉积物的类型和分布也会影响古人类的居住环境和交通条件。例如，砾石层中的大块砾石和岩石可能会阻碍交通，使得古人类在迁徙和贸易过程中面临困难。同时，不同类型的沉积物还可能影响建筑物的稳定性和耐久性，从而对古人类的居住条件产生影响。

（四）人类活动对砾石层沉积环境的反馈作用

人类活动不仅受到砾石层沉积环境的影响，还会对砾石层沉积环境产生反馈作用。这种反馈作用可能表现为对沉积物的改造、对水资源的利用和对生态环境的破坏等方面。

古人类在利用砾石层中的资源时，往往会对沉积物进行改造和加工。例如，他们可能会采集砾石作为建筑材料或工具原料，从而改变沉积物的分布和形态。这种改造作用可能会对砾石层沉积环境产生一定影响，如改变沉积速率、改变沉积物的类型和分布等。

此外，古人类还会利用砾石层中的水资源进行农业灌溉和作为生活用水。这种利用方式可能会导致水资源被过度开发和浪费，对砾石层沉积环境中的水文循环和生态平衡产生负面影响。例如，过度灌溉可能导致土壤盐碱化、水资源短缺和生态环境恶化等问题。

同时，古人类的活动还可能对砾石层沉积环境中的生态环境造成破坏。例如，过度的狩猎和采集活动可能导致动物种群数量减少、生物多样性下降；过度的农业活动可能导致土地退化、水土流失和生态环境恶化等问题。这些生态环境问题不仅会影响古人类的生存和发展，还可能对现代人类社会产生深远的影响。

综上所述，砾石层沉积与人类活动之间存在着密切的相互作用关系。通过对砾石层沉积的研究，我们可以更深入地了解古人类的生活方式、迁徙路径和文化发展轨迹；同时，我们也可以了解古人类如何适应环境变迁的挑战，以及这些变迁对人类社会的发展产生了哪些影响。因此，加强对砾石层沉积与人类活动相互作用关系的研究具有重要意义，有助于我们更好地理解人类与自然环境的相互作用机制，为现代社会的可持续发展提供有益的借鉴和启示。

第六章　典型案例分析

第一节　砾石层在山东风尘
堆积中具有普遍性

在山东的风尘堆积中，自西部章丘，经中部淄川、青州，至东部沿海的蓬莱，乃至延伸至庙岛群岛，均存在一期或多期明显的砾石层。这些砾石层广泛分布于泰鲁沂山（鲁中南山地）北麓到山东半岛山地丘陵北麓，构成了山东风尘堆积的一个显著特征，与黄土高原的典型黄土以及长江中下游的下蜀黄土形成了鲜明的对比（图6-1）。

一、章丘东张剖面

章丘东张剖面（117°32′46″E，36°34′58″N），青野河上游，剖面底部海拔约为293m，出露高度约5m，黄土沉积为浅黄色粉砂质土，剖面深度100~130cm和320~400cm处沉积两期河流相砾石层，砾石砾径1~20cm不等，上层砾石层相较下层砾石层砾石砾径小；叠瓦状排列，磨圆度一般，以石灰岩为主。

| 章丘青野剖面 | 章丘黑峪剖面 | 淄博黑旺剖面 | 淄博佛村剖面 |

| 章丘东张剖面 | 青州傅家庄剖面 | 蓬莱泊子剖面 | 蓬莱仙境源剖面 |

图 6-1　山东各地黄土剖面示意图

二、章丘青野剖面

章丘青野剖面（117°31′52″E，36°32′5″N），青野河中游，剖面底部海拔约为272m，黄土沉积为浅黄色粉砂质土，剖面可见三期明显的砾石层，分别位于剖面深度 0~150cm 处，600~610cm 处和 730~745cm 处，砾石砾径 1~15cm 不等，叠瓦状排列，磨圆度较好，以石灰岩为主。

三、章丘黑峪剖面

章丘黑峪剖面（117°31′11″E，36°32′26″N），青野河下游，剖面底部海拔约为260m，出露高度14.5m，未见底，黄土沉积为浅黄色粉砂质土，其间夹有两期砾石层，分别位于剖面的 670~710cm 处和 1270~1320cm 处，砾径较小，叠瓦状排列，磨圆度较好，以石灰岩为主。

四、青州傅家庄剖面

青州傅家庄剖面（118°28′54″E，36°45′5″N），剖面底部海拔约为80m，出露高度28m，未见底，黄土沉积为黄色粉砂质土，底部沉积一期20～100cm不等厚砾石层，砾石砾径1～25cm不等，叠瓦状排列，磨圆度较好，以石灰岩为主。

五、淄博黑旺剖面

淄博黑旺剖面（118°4′26″E，36°37′45″N），剖面底部海拔约为260m，出露高度4m，未见底，剖面200～220cm处为一期砾石层，由河道中心至河道外缘，厚度逐渐减小，砾径1～10cm，叠瓦状排列，以石灰岩为主。

六、淄博佛村剖面

淄博佛村剖面（118°5′39″E，36°37′51″N），剖面底部海拔约为250m，出露高度13m，未见底，黄土沉积为黄色粉砂质土，剖面700～740cm处为一期砾石层，砾径1～5cm，叠瓦状排列，磨圆度较好，以石灰岩为主。

七、蓬莱泊子剖面

蓬莱泊子剖面（118°4′26″E，36°37′45″N），剖面底部海拔约为10m，出露高度15m，未见底，黄土沉积为黄色粉砂质土，剖面底部处为一期30cm厚的砾石层，砾径1cm～8cm，叠瓦状排列，磨圆度较好，以石灰岩为主。

八、蓬莱仙境源剖面

蓬莱仙境源剖面（120°44.8′E，37°55.8′N），海拔46.7m，厚度5m，未见底。剖面深度110~130cm处夹杂有棱角状岩屑、卵石和粗沙沙砾层，砾石粒径约2~3cm，叠瓦状排列，磨圆度较好，以石灰岩为主。

山东黄土堆积中的砾石层具有重要的研究价值和意义，前人对砾石层进行了大量的研究，并且在不断取得新的研究进展，又有新的研究方法与技术不断被利用。然而，针对山东风尘堆积中砾石层的研究较少。基于此，本书选择最具典型、保存完好、堆积较厚的章丘黑峪剖面为例，通过光释光测年法确定出了山东风尘沉积中砾石层的沉积年代；研究砾石层上下部黄土沉积的沉积学特征，对其沉积环境进行判别；并通过砾石层组构特征的测量与统计，分析其成因、物质来源及其环境意义，从而进一步探讨其对气候事件的指示意义。该研究不但有助于深刻理解山东风尘堆积的环境背景，探讨东亚地区重大的气候事件，而且还可以为揭示改变地球营力和改造地表过程的地质过程提供重要的科学依据。

第二节　山东章丘黄土沉积中砾石层的砾组结构特征研究

一、研究的目的和内容

我们在山东地区进行了广泛的野外考察研究，选择最具典型、保存完好、堆积较厚的章丘黑峪剖面为研究对象，对砾石层上下部黄土沉积进行了沉积学特征研究，对砾石层进行组构分析，其主要内容包括：

（1）章丘 HY 黄土剖面及其夹杂砾石层的沉积年代和沉积过程。

（2）章丘 HY 黄土剖面的沉积学特征及其与其他剖面的对比研究。

（3）章丘 HY 黄土剖面砾石层的砾径与水动力分析、砾向与古流向分析、砾态与搬运距离分析以及砾性与物源区分析。

二、技术路线

本研究过程主要通过以下 4 个步骤，首先通过查阅文献等前期准备工作确定研究方向，其次在广泛的野外考察基础上选取典型剖面，进行野外的样品采集，对研究区域地层进行初步划分，然后进行室内实验及测试数据分析工作，最后对测试数据进行整合及综合分析（图 6-2）。

三、区域概况与样品采集

（一）区域自然地理状况

章丘区地处泰沂山区北麓，与华北平原接壤，长城岭绵延于南，长白山矗立于东。地形自东南向西北倾斜，自南而北依次为山区、丘陵、平原、洼地；属暖温带季风区的大陆性气候。四季分明，雨热同季。春季干旱多风，夏季雨量集中，秋季温和凉爽，冬季雪少干冷。年均日照 2647.6h，日照率 60%；年均气温 12.8℃，高温年 13.6℃，低温年 11.7℃；年平均降水量 600.8mm，一般为 500~700mm；章丘境内大部地区属小清河水系，东南部少数山区属大汶河水系。主要河流有黄河、小清河、绣江河、东巴漏河、西巴漏河、漯河、巨野河等。

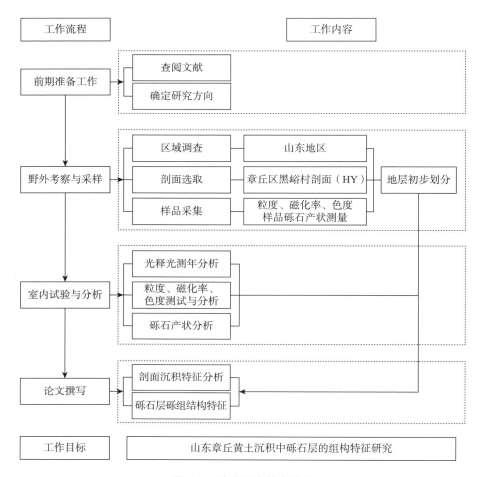

图 6-2　论文研究技术路线

剖面位于西巴漏河沿岸，山势陡峻，悬崖峭壁，裂隙岩溶发育。石灰岩河道渗水严重，雨后断流，故东、西巴漏河为季节河道。属奥陶系和寒武系上部石灰岩山区，称巴漏河组。巴漏河组不整合于下第三系或更老地层之上、平行不整合于第四纪大战组或羊栏河组之下一套淡水结晶灰岩、泥灰岩、钙质、砂质胶结沙砾岩组合（表 6-1）。石灰岩为较纯白色、灰白色中粒结晶灰岩及豆粒灰岩，结晶灰岩几乎全为纯方解石成分，豆粒灰岩中豆粒有核心及同心层组成，最大直径 1~2cm；泥质灰岩多为灰黄色、黄色及灰白色，厚层状，具水平层理。该组地表分布有限，主要见于西巴漏河沿岸、东巴漏河沿岸和明水北部，厚度一般20~30m，岩相变化较大但与上、下层位接触关系清楚，为山麓边缘河湖相沉积。

表6-1 巴漏河组的地层特征（山东省地质矿产局，1996）

上覆地层	第四纪大站组 黄褐色砂质黏土
	--------------平行不整合----------------
巴漏河组	白色块状结晶灰岩、豆粒灰岩，产爬行类、哺乳类化石
	含砾石灰岩，绕砾具同心圆沉积晕，直径达 1~2cm
	白色土状、疙瘩状泥质灰泥石灰岩，富产介形虫、轮藻化石
	灰黄色底砾岩，砾石成分为砂页岩、灰岩、中—基性岩浆岩
	--------------不整合----------------
下覆地层	石千峰群刘家沟组 中粗粒石英砂岩

（二）样品采集与分析

1. 剖面概况

本书选择章丘黑峪剖面为研究对象，位于济南市章丘区黑峪村，地处济南市东部，章丘区南部，地理范围：117°31′11″E，36°32′26″N，剖面底部海拔约为260m。由于高速公路的修建，人为开挖建筑材料，形成新鲜的垂直断面，出露高度14.5m，未见底，其间夹有两层砾石层，未发现明显的沉积间断。基于野外观察沉积物颜色、岩性、沉积结构特征和层间接触关系等，结合剖面高度，HY剖面自上而下的岩性描述见表6-2。

表 6-2　章丘 HY 剖面地层特征

深度/m	地层	地层特征
0~0.4	现代耕作层	结构疏松多孔，含有植物根系，受流水和生物扰动明显
0.4~6.7	黄土层	浅黄色粉砂质土，质地均匀，垂直节理明显
6.7~7.1	砾石层（G2）	砾径较小，叠瓦状排列，以石灰岩为主
7.1~12.7	黄土层	黄色粉砂质土，质地均匀，垂直节理明显
12.7~13.2	砾石层（G1）	砾径较小，叠瓦状排列，主要以石灰岩为主
13.2~14.5	黄土层	黄色粉砂质土，质地均匀，垂直节理明显

2. 样品采集

根据剖面分层分别在 100cm、250cm、370cm、470cm、717cm、1260cm 处采集 6 个光释光年代样品（图 6-3），采样方法为清理掉剖面 40~50cm 厚的表层土，将长 20cm、直径为 5cm 的不锈钢管砸入清理后的剖面，取出时迅速密封，保证样品在采集、运输、储存以及实验前都没有曝光，水分没有散失。

自剖面顶部向下，以 10cm 等间距采集粒度、磁化率、色度所需样品各 137 个。

采用地质罗盘、游标卡尺和手机软件相结合的方法对砾石的砾径、砾向（a 轴走向、ab 面产状）进行测量，砾石磨圆度、风化程度通过目视鉴别，G1 砾石层共测量统计砾石 303 个，G2 砾石层共测量统计砾石 297 个。

图 6-3　样品采集示意图

四、研究方法

（一）年代样品测试

光释光样品的测试在美国伊利诺伊大学厄巴纳-香槟分校释光年代学实验室内采用丹麦产 RisØDA-20-C/D 型释光自动测量系统进行，测试方法为简单多片再生法（SMAR），其具体操作过程为：在室内弱红光下，去掉样品顶部和底部可能曝光、污染的部分，保留中心部位的样品供等效剂量测定，其测试过程为：从中取约 20g 样品测定含水量和饱和含水量，之后将样品在低温（40℃）烘干后充分研磨至全部通过 63μm 的筛子测定样品中 U、Th、K 含量；将中心样品筛选出 <300μm 的组分放在 1000ml 的烧杯中，加入 30% 的 H_2O_2 和 30% 的 HCl 以去除有机质和碳酸盐类，待充分反应后加入氨水中和并用高纯水反复冲洗至中性；将反应完全的样品筛选出 <90μm 的粒组，用静水沉降法分离出 63~90μm 的粒组，低温（40℃）烘干后再分别加入 40% 的 HF 和 10% 的 HCl 以清除长石和氟化物，然后用高纯水清洗至中性，检验无长石残留后将样品低温（40℃）烘干，最后制成细颗粒测片待测。

（二）粒度测试

根据剖面地层以 10cm 间隔自下而上连续采集了 105 个粒度样品，并在山东省水土保持与环境保育重点实验室内进行粒度测试。样品前处理采用 Lu 等使用的（Lu and An，1997）处理方法，首先取 0.4g 左右的测试样品置于 100ml 的烧杯中，加入 5ml 浓度为 10% 的过氧化氢水溶液后加热去除有机质；待有机质除尽后加入 10ml 浓度为 10% 的盐酸并煮沸去除碳酸盐，待反应完全后注满蒸馏水并静置 24 小时后抽掉上层清澈液体，以去除 Ca^{2+}、H^+ 等絮凝性较强的离子；最后加入 10ml 浓度为 10% 的六偏磷酸钠溶液并放在超声震荡仪里面震荡七分钟后使用 Mastersizer 3000 激光粒度仪进行测量。重复测量相对误差小于 2%，说明样品粒度数据可靠。

（三）磁化率测试

磁化率样品的处理与测试在山东省水土保持与环境保育重点实验室内完成，磁化率使用 Bartington MS2 磁化率仪进行测试。首先将磁化率样品自然风干，然后将样品放入烘箱，在 40℃ 恒温下烘干，将烘干样品在不损伤颗粒结构前提下碾磨；将碾磨后的样品装满容积为 8cm³ 的磁学专用样品盒，压实后进行密封处理；然后使用磁化率仪测量待测样品低频（0.47 kHz）和高频（4.7 kHz）容积磁化率，每个样品测量三次，取其平均值作为最后测量结果；将高频容积磁化率 K_{hf} 和低频容积磁化率 K_{lf} 除以密度后算出高频质量磁化率（X_{hf}）和低频质量磁化率（X_{lf}），频率磁化率（X_{fd}）用高频质量磁化率与低频质量磁化率的相对差值表示，其计算公式为 $X_{fd} = (X_{lf} - X_{hf}) / X_{lf} \times 100\%$。

（四）色度测试

色度样品的处理与测试在山东省水土保持与环境保育重点实验室内完成，色度采用日本 Konica Minolta 柯尼卡美能达公司产的 CM-700d 分光测色仪进程测试。首先将色度样品放入 40℃ 的烘箱里保持恒温烘干，取约 2g 样品，用玛瑙研钵将样品磨至 200 目以下，将碾磨后的样品放入载玻片中；对分光测色仪进行零校正和白板校正后将样品放于分光测色计上进行测试，同一样品在不同区域测量 3 次取其平均值。测试参数为 CIED65 标准光源（色温为 6500K），孔径为 8mm，观察视野为 10°，色度值标准差值小于 0.04，仪器测量范围为 360~850nm，扫描间隔为 1nm。

（五）砾石测量与统计

选用网格法（10cm×10cm）对砾石产状进行测量与统计。在砾石测量时，首先使用手机 Geocompass 软件测量 ab 面产状，a 轴方位，然后使用游标卡尺依次测量砾石的 a、b、c 轴，确定磨圆度，最后观察砾石的成分和表面特征、风化程度。

五、山东章丘 HY 剖面黄土沉积特征

（一）山东章丘 HY 剖面光释光年代序列

光释光测年是目前第四纪研究中应用最普遍也是最被认可的测年技术之一。目前，光释光测年范围可从几十年到十几万年，测年精度较高。山东地区最老的风成沉积超过 100ka，而大部分的黄土为 100ka 之内的沉积。因此，采用光释光测年对章丘 HY 剖面进行定年是合理的。根据章丘 HY 剖面样品的钾（K）、铀（U）和钍（Th）含量，利用样品等效剂量（De）和环境剂量率（Dose Rate）所计算的年代数据如表 6-3。章丘 HY 剖面深度 100cm、250cm、370cm、470cm、7.17cm 和 1260cm 出的光释光年代结果为 0.264±0.017ka、15.7±0.7ka、20.4±1.4ka、23.6±1.4ka、32.0±2.0ka、39.0±2.0ka，说明该剖面为末次冰期晚更新世以来的沉积物。

（二）山东章丘 HY 剖面粒度特征

1. 章丘 HY 剖面粒度组成特征

粒度分析的物理意义在于反映搬运介质、搬运方式、沉积环境以及沉积后改造作用等，成为第四纪黄土研究的重要指标，受到国内外学者

表 6-3 山东章丘 HY 剖面样品的 OSL 测年结果

实验编号 Experiment number	野外编号 Field number	埋深 Depth/ (m)	U /(Bq· kg^{-1})	Th /(Bq· kg^{-1})	K /(Bg· kg^{-1})	实测含水量 Measured water content /(%)	测试粒径 Test particle size/(μm)	测试方法 Testmethod	环境剂量率 Environmental dose rate /(Gy·ka^{-1})	等效剂量 Equivalent dose/(Gy)	年龄 Age /(ka)
16-OSL-523	HY01	1.0	28.1± 1.9	48.5± 0.5	659± 10	11± 5	63~90	SMAR	3.42± 0.14	0.90± 0.04	0.264± 0.017
16-OSL-524	HY02	2.5	28.7± 2.6	46.0± 0.5	656± 10	18± 5	63~90	SMAR	3.13± 0.12	49.1± 1.1	15.7± 0.7
16-OSL-525	HY03	3.7	26.5± 1.7	45.4± 0.5	654± 10	12± 5	63~90	SMAR	3.27± 0.13	67± 3	20.4± 1.4
16-OSL-526	HY04	4.7	27.4± 2.6	45.0± 0.5	653± 10	17± 5	63~90	SMAR	3.10± 0.12	73± 3	23.6± 1.4
16-OSL-521	HY05	7.17	31.3± 2.1	48.3± 0.5	602± 10	10± 5	63~90	SMAR	3.22± 0.13	101± 5	32.0± 2.0
16-OSL-522	HY06	12.6	31.1± 1.6	47.2± 0.5	617± 10	9± 5	63~90	SMAR	3.23± 0.14	126± 5	39.0± 2.0

的广泛应用，逐渐成为一种用于第四纪沉积物成因判别的重要手段。粒度频率分布曲线可以反映沉积物主要的粒度组成，粒度组成三角图可以呈现不同粒径颗粒的含量，两者是有效的粒度分析数据表达方法。章丘HY剖面样品粒度频率曲线主要呈双峰分布，主峰主要集中在 $20 \sim 60\mu m$，次峰小于 $1\mu m$，其粒度分布范围为 $0 \sim 125\mu m$，总体呈正偏-似正态分布，具有典型风成黄土特征；由图6-4可以看出，章丘HY剖面粒度组成主要以粉砂为主，变化范围为 $58.71\% \sim 81.95\%$，平均含量 73.72%；其次是黏粒组分，黏粒含量变化区间为 $11.40\% \sim 30.90\%$，平均值 22.08%；砂粒含量最少，在 $0.72\% \sim 12.34\%$ 之间变化，平均含量 4.19%，与典型黄土西峰剖面（XF）相比，XF剖面黄土样品以粉砂为主，变化范围为 $82.50\% \sim 86.40\%$，章丘HY剖面与XF剖面粒度组成具有一致性；与同区域内其他剖面相比，章丘埠西（BX）剖面粉砂含量最高，变化范围为 $65.35\% \sim 85.89\%$，平均值 78.68%；黏粒组分次之，含量为 $6.87\% \sim 33.76\%$，平均值 14.86%；砂粒组分含量最少，含量为 $0.71\% \sim 15.69\%$，平均值为 6.46%，章丘HY剖面与章丘BX剖面的粒度组成特征十分相似。进而可以说明，章丘HY剖面的粒度组成特征表明该剖面具有典型风成黄土特征。

2. 章丘HY剖面粒度象特征

帕塞加选择与沉积搬运有密切关系的粒度参数在双对数纸上绘制 $C\text{-}M$ 图，用以说明沉积物的搬运介质状况，反映沉积环境等。$C\text{-}M$ 图与沉积搬运作用密切相关，在风成沉积的成因判别中得到了广泛应用。章丘HY剖面样品 C 介于 $100 \sim 200\mu m$ 之间，M 主要在 $10 \sim 60\mu m$ 之间变化，在 $C\text{-}M$ 图投影比较集中，主要集中在 SR 段下方（SR 段为均匀悬浮），说明搬运方式单一，主要以悬浮为主（图6-5）。

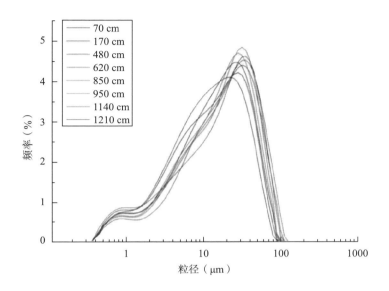

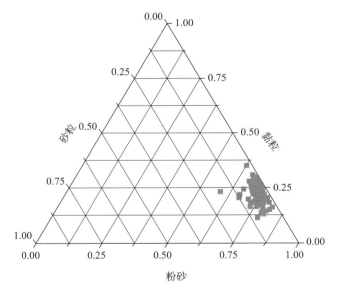

图 6-4 章丘 HY 剖面粒度频率分布曲线与粒度组成三角图

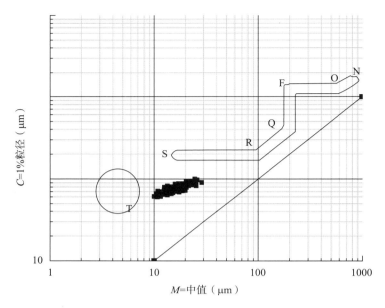

图 6-5　章丘 HY 剖面 *C-M* 图

3. 沉积环境判别

萨胡（1964）对不同成因的沉积物样品进行了大量的粒度参数的统计分析，建立了风、海滩、浅海、冲积以及浊流五种环境间的判别函数，在沉积物成因判别方面得到了广泛应用。本书采用风和海滩判别函数：

$$Y=-305688Mz+3.7016G^2-2.0766SK_1+3.1135K_G$$

对章丘 HY 剖面沉积物进行沉积环境判别。本书将所计算的粒度参数（Mz、G、K_1、K_G）代入判别函数中得到该剖面黄土沉积物 Y 值变化范围为 $-10.68 \sim -5.45$（图 6-6），均小于 -2.7411，结合沉积物粒度组成和粒度频率分布曲线特征说明该黄土剖面为风成堆积物（图 6-7）。

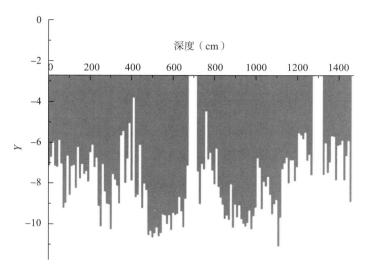

图 6-6 章丘 HY 剖面沉积物判别函数值

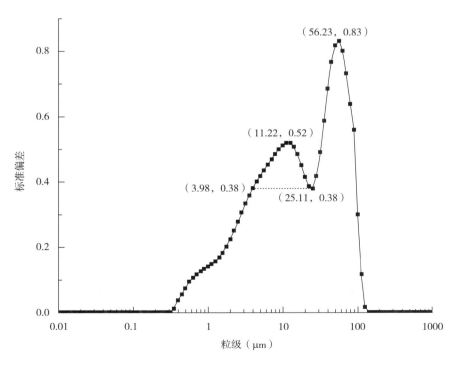

图 6-7 章丘 HY 剖面粒级-标准偏差曲线

从多峰态的粒度频率分布曲线中分离出单一粒度组分的特征，探讨各组分的沉积学意义，对沉积物的搬运方式和沉积环境具有重要的指示意义。提取环境敏感组分的常用方法包括端元粒度模型和粒度-标准偏差法等。本书采用粒级-标准偏差法来提取章丘HY黄土剖面样品的环境敏感组分（图6-7），粒级-标准偏差法通过绘制以对数坐标为横坐标、各粒级对应含量的标准偏差为纵坐标的粒级-标准偏差图来提取环境敏感组分。HY剖面粒级-标准偏差曲线主要呈双峰分布，2个明显的标准偏差峰值为11.22μm和56.23μm，即可以提取组分1粗粒径25.11~125.00μm和组分2细粒径3.98~25.11μm，选择组分2细粒径3.98~25.11μm作为环境敏感粒级进行讨论分析。

综上所述，通过粒度分析对章丘HY剖面沉积物进行成因判别，样品粒度频率分布曲线呈双峰分布，粒度组成以粉砂为主，而且通过粒度象和萨胡判别公式对其沉积环境进行判别，其剖面样品搬运方式以悬浮为主，表明章丘HY剖面为典型的风成沉积物，其环境敏感组分为粗粒径25.11~125.00μm和细粒径3.98~25.11μm，用以作为沉积环境分析的指标。

（三）山东章丘HY剖面磁化率特征

磁化率（χ）反映沉积物中磁性矿物含量的综合信息，可用于推断沉积物沉积时的环境条件、分析古气候的变化规律及其细节，是第四纪黄土研究中一个重要的气候替代指标。章丘HY剖面样品磁化率自上而下具有明显的变化，高频磁化率（χ_{hd}）、低频磁化率（χ_{lf}）和频率磁化率（χ_{fd}）具有相似的变化趋势。章丘HY剖面沉积物低频磁化率（χ_{lf}）变化范围介于40.64~83.90（10~8·m³/kg）之间，平均值64.07（10~8·m³/kg）；高频磁化率（χ_{hd}）介于36.86~74.96（10~8·m³/kg）之间，平均值58.48（10~8·m³/kg）；磁化率在500cm处骤增，且一直到剖面底部保持一个较大的平均值，与剖面500cm以上部分的磁化率值呈现两段式的分布。整个剖面频率磁化率（χ_{fd}）的变化范围是4.30~11.75%，平均值为8.49%，与高频磁化率（χ_{hd}）、低频磁化率（χ_{lf}）具有相似的两段式分布。

（四）山东章丘HY剖面色度特征

土壤颜色是土壤最明显的物理特征之一，是土壤可以见光波段的反射光谱特征，可以用来指示土壤的发育程度。广泛的研究表明，土壤颜色在百年尺度、千年尺度甚至万年尺度均是一个可靠的气候代用指标。章丘HY剖面土壤颜色测试结果如下：红度（$a*$）的变化范围为6.03~7.35，平均值为6.69，最大值出现在820cm。红度（$a*$）-深度曲线以460cm为节点呈现两段式分布；黄度（$b*$）-深度曲线与红度（$a*$）-深度曲线具有相似的变化。整个剖面黄度（$b*$）变化范围为16.02~17.82，平均值为16.47，最大值出现在470cm。亮度（$L*$）与红度（$a*$）、黄度（$b*$）呈现相反的变化特征。亮度（$L*$）的变化范围为55.43~61.44，平均值为57.36。亮度（$L*$）-深度曲线同样以460cm为节点呈现两段式分布，与黄度（$b*$）-深度曲线、红度（$a*$）-深度曲线的不同在于，460cm以上，亮度（$L*$）的平均值较大，460cm以下亮度（$L*$）的平均值减小。

六、山东章丘HY剖面砾石层砾组结构特征

砾石层沉积特征指标主要包括砾性、砾度、砾向和砾态，它们分别对物源、搬运动能、流向与搬运距离有一定的指示作用。砾性，是指砾石层砾石的岩性成分，是研究砾石层物质来源的重要特征指标；砾度，是通过分别测量每个砾石的a轴（长轴）、b轴（中轴）、c轴（短轴）的长度计算得到的；砾向，是指砾石最大扁平面（ab面）和a轴的产

状要素；砾态，包括砾石的扁度、磨圆度和球度等，与砾石的搬运距离以及形成环境密切相关。本研究总共测量和统计砾石 600 个，其中 $G1$ 砾石层 303 个，$G1$ 砾石层 297 个，统计结果中均摒弃了过大或者过小的砾石，具有统计学意义。

（一）砾径与水动力分析

通过对章丘 HY 剖面砾石层每颗砾石的长轴（a 轴）、中轴（b 轴）和短轴（c 轴）长度的测量统计，计算平均砾径 $d = \sqrt[3]{d_a d_b d_c}$，用以分析 $G1$、$G2$ 砾石层形成时期的水动力状况；利用砾径累积曲线上含量为 25% 和 75% 处的砾径计算分选系数 $S_0 = \sqrt[2]{d_{75}/d_{25}}$，用以分析 $G1$、$G2$ 砾石层形成时期的水动力的稳定性（Harms，1975）。统计与分析结果如下：

章丘 HY 剖面 $G1$ 砾石层砾石砾径以 16～20mm 为主，占总数量的 22.4%，$G2$ 砾石层砾石砾径以 11～15mm 为主，占总数量的 27.8%（图 6-8），$G1$ 砾石层的平均砾径、最大砾径、平均 a 轴以及最大 a 轴分别为 24.87、108.54、40.19、133.06、1.33，$G2$ 砾石层的平均砾径、最大砾径、平均 a 轴以及最大 a 轴分别为 17.14、63.10、28.09、115.06、1.15（表 6-4），可见，$G1$ 砾石层砾石均不同程度的大于 $G2$ 砾石层砾石。砾石砾径大表明水动力大，砾石砾径小表明水动力小，因此，$G1$ 砾石层形成时期的水动力大于 $G2$ 砾石层形成时期的水动力。通过计算 $G1$、$G2$ 砾石层的分选系数得到，$G1$ 砾石层砾石的分选系数为 1.33，$G2$ 砾石层砾石的分选系数为 1.15。分选系数越大表明水动力环境的稳定性越差，因此，$G2$ 砾石层形成时期的水动力环境比 $G1$ 砾石层形成时期的水动力环境稳定。

表 6-4 章丘 HY 剖面 *G*1、*G*2 砾石层砾石砾径

层位	平均砾径	最大砾径	平均 *a* 轴	最大 *a* 轴	分选系数
*G*1	24.87	108.54	40.19	133.06	1.33
*G*2	17.14	63.10	28.09	115.06	1.15

（二）砾性与物源区分析

砾性指砾石层砾石的岩性成分，可直接反映物源区母岩成分。通过对章丘 HY 剖面 *G*1、*G*2 砾石层砾石岩性成分的统计分析，发现 *G*1、*G*2 砾石层砾石岩性均以石灰岩为主，且含量均高达 95% 以上，只含有极少量的砂页岩、花岗岩等。从地层特征来看，章丘 HY 剖面应属巴漏河组上覆地层，而巴漏河组主要以灰岩为主，因此，*G*1、*G*2 砾石层均为近源物质且物源区在形成时期并未发生明显的改变。

（三）砾态与搬运距离分析

砾石的磨圆程度与搬运距离呈正相关关系，磨圆度越高表明搬运距离越远。通过对 HY 剖面砾石层砾石砾态的统计与分析，发现砾石的磨圆度可划分为 5 级，即棱、次棱状、次圆状、圆状和极圆状。*G*1 砾石层棱、次棱状、次圆状、圆状和极圆状砾石分别占总数的 2.6%、38.9%、37.0%、20.1% 和 1.4%，*G*1 砾石层分别占总数的 3.4%、38.1%、37.2%、19.3% 和 2.0%，均以次棱状和次圆状为主，总含量均达到 70% 以上（图 6-8），磨圆度较好，但是由于砾石砾径较小且主要以石灰岩为主，砾石在搬运过程中易被磨圆，因此砾石应该只经历了中短距离的搬运过程，以近源物质为主。

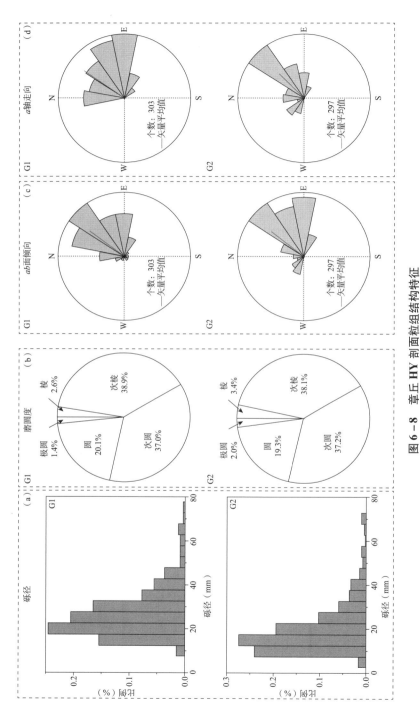

图 6-8　章丘 HY 剖面粒组结构特征

（四）砾向与古流向分析

野外对砾石产状（a 轴走向、ab 面倾向和倾角）进行测量与统计。结果发现 G1 砾石层砾石 ab 面倾向范围在 22.5°~90°，主要集中在 45°左右；G2 砾石层砾石 ab 面倾向范围在 0°~90°，主要集中在 90°左右。砾石 ab 面倾向指向上游，由此推断 G1 砾石层形成时期的古流水来向主要为北东方向，G2 砾石层形成时期的古流水来向主要为正东方向，可见 G1、G2 砾石层形成时期的古流水来向并未发生明显的改向。同时，G1 砾石层、G2 砾石层 a 轴走向主要为北东（NE），平行于水流方向且与 ab 面倾向基本一致，说明 G1、G2 砾石层形成时期的河流具有山间或山前河流的特征。

综上所述，章丘 HY 剖面砾石层具有明显的河流相砾石层的沉积特征，通过对剖面 G1、G2 砾石层砾石产状的统计与分析发现，G1 砾石层砾石砾径主要在 16~20mm 之间，G2 砾石层砾石砾径主要在 11~15mm 之间，均以细砾和中砾为主，砾石层形成时期的水动力较弱。砾向在 G1、G2 砾石层形成时期表现为北东向（NE）和正东向（E），古流向变化不大，呈自东向西的基本流向。G1、G2 砾石层砾石岩性成分均以石灰岩为主，其含量高达 95%以上，砾石砾态均以次棱状和次圆状为主，总含量均达到 70%以上，磨圆度较好，根据该区地层特征和古流向，G1、G2 砾石层应为近源物质且物源区在形成时期并未发生明显的改变。章丘地区为典型的石灰岩地区，石灰岩河道渗水严重，而当降水量大于渗水量时，形成自东向西的地表径流。流水携带沿途碎屑物在河道堆积。石灰岩碎屑物质地较软，易磨蚀，磨圆度较高，因此，砾石层的物源区应以近源为主。

七、章丘 HY 剖面砾石层年代分析

同区域内章丘埠西剖面（BX：36°23′21.37″，117°16′42.60″）出露

高度 16.5m，剖面深度 50cm，110cm，210cm，310cm，410cm，510cm，610cm，760cm，960cm 和 1310cm 处光释光样品的测年结果分别为 1.0± 0.1ka，13.2±1.0ka，14.1±3.4ka，14.4±1.5ka，17.1±1.6ka，19.4± 2.7ka，24.1±3.3ka，30.0±3.5ka，34.8±1.2ka 和 39.2±1.8ka，章丘 HY 剖面深度 100cm、250cm、370cm、470cm、7.17cm 和 1260cm 出的光释光年代结果为 0.264±0.017ka、15.7±0.7ka、20.4±1.4ka、23.6± 1.4ka、32.0±2.0ka、39.0±2.0ka，说明两剖面同为末次冰期晚更新世早期以来的沉积物。

根据所得光释光年代数据与埋深关系，计算样品沉积速率，对剖面的沉积环境或地貌过程具有一定程度的指示意义。如图 6-9，利用贝叶斯年代–深度模型计算可知章丘 BX 剖面沉积速率的变化大体可分三部分，上部 0~100cm 对应深海氧同位素 MIS1 阶段，两个样品之间的沉积物的平均堆积速率为 5cm/ka，沉积较慢；中部 100~740cm 对应深海氧同位素 MIS2 阶段，六个样品之间沉积物的堆积速率约为 22cm/ka；下部 740~1710cm 对应深海氧同位素 MIS3 阶段，三个样品之间沉积物的堆积速率约为 61cm/ka，堆积较快。章丘 HY 剖面沉积速率的变化大体也可分三部分，上部 40~200cm 对应深海氧同位素 MIS1 阶段，两个样品之间的沉积物的平均堆积速率为 10cm/ka，沉积较慢；中部 200–500cm 对应深海氧同位素 MIS2 阶段，三个样品之间沉积物的堆积速率约为 27cm/ka；下部 500~1450cm 对应深海氧同位素 MIS3 阶段，三个样品之间沉积物的堆积速率约为 78cm/ka，堆积较快。因此，章丘 HY 剖面和章丘 BX 剖面深海氧同位素 MIS1、MIS2 和 MIS3 阶段的沉积速率具有相似性，因此，章丘 HY 剖面光释光年代结果基本可靠，说明其主要为末次冰期晚更新世早期以来的沉积物。

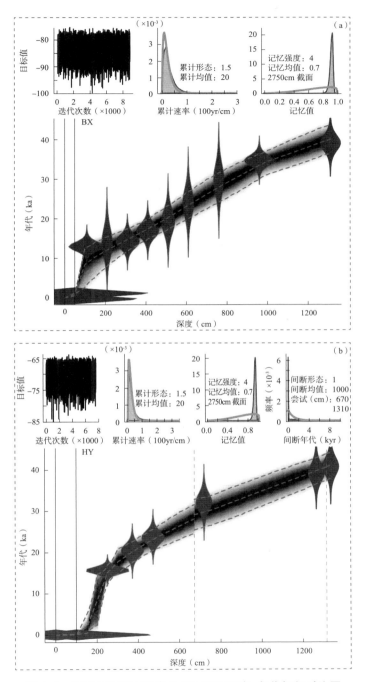

图 6-9　章丘 BX 剖面和章丘 HY 剖面深度−年代框架对比图

章丘 HY 剖面深度 717cm 处（G2 砾石层下部）的光释光测年结果为 32.0±2.0ka，根据所计算的沉积速率外推，估算剖面深度 670cm 处的年代为 31.5±2.0ka；章丘 HY 剖面深度 1260cm 处（G1 砾石层上部）的光释光测年结果为 39.0±2.0ka，根据所计算的沉积速率外推，估算剖面深度 1310cm 处的年代为 39.7±2.0ka；因此，通过年代结果外推得到，G1 砾石层形成年代为 39.0±2.0ka～39.7±2.0ka，G2 砾石层形成年代为 31.5±2.0ka～32.0±2.0ka，两层砾石层的沉积年代均属深海氧同位素 MIS3 阶段，为晚更新世中期的沉积物。

八、章丘 HY 剖面砾石层成因分析

在基础的地质调查中发现，HY 剖面位于青野河下游，青野河属季节性河流且河道经过人工改造掩埋于耕地下，沿河道至中游、上游，可见夹杂一期或多期砾石层的剖面，而且 HY 剖面砾石层由河道中心至河道外缘，砾石层厚度逐渐减小直至消失，因此 HY 剖面为典型的河流阶地。Harms 根据沉积物某些结构与构造，取决有搬运介质与流体的特征，提出用分选性粒度分布、层理、粒序性及组构等特征来判别砾石层的成因。章丘 HY 剖面 G1、G2 砾石层可清晰地观察到砾石之间的接触，呈现相互支撑的现象；砾石砾径多众数，分选较好；流水搬运堆积而成的砾石层，砾石 a 轴横切流向，b 轴倾向上游，呈叠瓦状排列，章丘 HY 剖面 G1、G2 砾石层清晰的呈现 a 轴横切流向、b 轴倾向上游的组构特征；从层理来看，章丘 HY 剖面 G1、G2 砾石层由砾石夹杂砂、粉砂透镜体交错叠置而成。综上所述，章丘 HY 剖面 G1、G2 砾石层具有砾石相互支撑、基质分选较好、多交错层理、流水搬运堆积的组构等特征，因此可以判定其成因应属河流相砾石层。

九、章丘 HY 剖面砾石层沉积环境

（一）洪峰流量

一直以来，利用沉积物粒度重建河流洪峰流量的方法备受关注，其中，水能流量法是最为常用的方法。研究表明，最大粒径的沉积物颗粒反映搬运介质的最大动能。水能流量法就是根据水动力学特征，建立水能流量与其所搬运的沉积物颗粒几何尺寸之间的关系，以此来推算洪峰流量。该方法计算过程较为简单，计算参数容易获取，能有效地获得较为精确合理的洪峰流量。章丘 HY 剖面砾石层为估算区域内河流洪峰流量提供物质基础，基于此剖面的沉积特征，利用砾石几何尺寸估算洪水洪峰流量，为重建末次冰期以来气候环境演变提供重要依据。

利用水能流量法计算洪峰流量可分为 3 个步骤：计算平均流速、计算平均深度、计算洪峰流量。计算平均流速和平均深度同时采用两种不同原理的计算方法，以期减少计算误差。

本研究计算平均流速采用 Helley 法和 $FD+FL=FR$ 法。

Helley 法计算方法如下：

$$V_b = 3.276\left[\frac{(y_s-1)d_L(d_m+d_s)^2 \cdot MR_L}{C_D d_s d_L \cdot MR_D + C_L d_m d_L \cdot MR_L}\right]$$

$$\overline{V} = 1.2V_b$$

其中：V_b 为河床流速；y_s 为颗粒有效容重；d_L、d_m 和 d_s 分别为砾石长、中短轴尺寸；θ 为颗粒叠置角；MR_L 为升力回旋矩，$MR_L = \frac{1}{4}d_m\cos$

$\theta + \sqrt{\frac{3}{16}d_s^2}\sin\theta$；$C_D$ 为修正的流体阻力系数，取值可由流体阻力系数与颗粒形状系数的关系曲线（$C_D = 0.75C_d$，C_d 为流体阻力系数）求得；

C_L 为升力系数；MR_D 为拉力回旋矩，$MR_D = 0.1d_s\cos\theta + \sqrt{\frac{3}{16}d_s^2\cos\theta - \frac{1}{4}}$ $d_m\sin\theta$；$\bar{V}$ 为水流平均流速。

$F_D + F_L = F_R$ 法计算方法如下：

$$V_b = \left[\frac{2(y_s - 1)d_m gf}{y_f(C_L + C_D)}\right]^{0.5},$$

$$\bar{V} = 1.2V_b,$$

其中：g 为重力加速度；f 为静摩擦系数；y_f 为流体有效容重；其他指数同上。

平均深度采用曼宁公式和 Sheild 公式计算。

曼宁公式计算如下：

$$\bar{D} = \left(\frac{\bar{V}n}{\sqrt{s}}\right),$$

其中：$\bar{D}$ 为河流平均深度；n 为河床粗糙系数；s 为河床坡率。

Sheild 公式计算如下：

$$\bar{D} = \frac{\tau^* \cdot d_m(y_s - y_f)}{y_f s},$$

其中：τ^* 为河床剪应力；其他指数同上。

通过计算河流平均流速和平均深度可以得到洪峰流量：

$$Q = \bar{V}A,$$

其中：Q 为洪峰流量；A 为计算位置洪水断面面积。

在野外工作中，对河流参数和砾石几何尺寸进行了详细测量，其中河流参数见表 6-5，砾石几何尺寸分别选取 G1、G2 砾石层中大砾径砾石各 50 个。

通过以上计算得到，河流平均流速、平均深度和洪峰流量计算结果见表 6-6。

表6-5 洪峰流量计算参数

层位	砾石密度 y_s (g·cm⁻³)	水密度 y_f (g·cm⁻³)	重力加速度 g (m·s⁻²)	升力系数 C_L	阻力系数 C_D	静摩擦系数 f	河床砾石叠置角度 θ (°)	河床粗糙系数 n	河床坡率 s	最小剪力 τ^*	d_L (m)	d_m (m)	d_s (m)	横截面积 (m³)
G1	2.93	1.0	9.8	0.178	1.4	0.7	23	0.04	0.005	0.014	0.07	0.05	0.03	18.75
G2	2.93	1.0	9.8	0.178	1.6	0.7	18	0.04	0.005	0.013	0.06	0.04	0.02	29.40

表6-6 河流平均流速、平均深度和洪峰流量计算结果

层位	平均流速 (m·s⁻¹)	平均深度 (m)	洪峰流量 (m³·s⁻¹)
G1	1.10	0.49	37.04
G2	0.98	0.38	18.38

117

基于现场勘查测量统计，利用水流能量法重建砾石层形成时期河流洪峰流量，G1 砾石层形成时期河流平均流速为 1.10m/s，平均深度为 0.49m，洪峰流量为 37.04m³/s；G2 砾石层形成时期河流平均流速为 0.98m/s，平均深度为 0.38m，洪峰流量为 18.38m³/s；洪峰流量的计算为探究山东风尘堆积的环境背景和气候事件提供了有力依据。

（二）气候环境周期性演变特征

　　根据粒度中值粒径（Md）、环境敏感组分（3.98～25.11μm）、低频磁化率（χ_{lf}）等指标，结合光释光年代结果，与深海氧同位素对比，章丘 HY 剖面可分为现代耕作层、MIS2、MIS2、MIS3 四期（图6-10）。

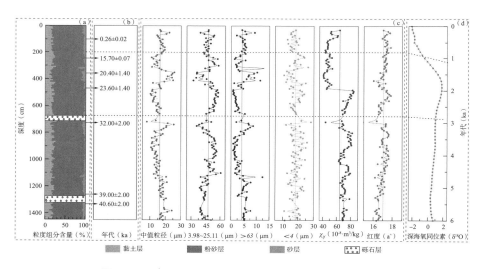

图6-10　章丘 HY 剖面沉积记录与深海氧同位素对比

　　剖面深度 0～40cm 为现代耕作层，受人为活动和现代植被的影响，粒度较粗，磁化率较高，形成疏松多孔、植被根系较多的灰褐色土层。

　　剖面深度 40～200cm 范围内，剖面 100cm 处的光释光年代结果为

0.26±0.02ka，对应于深海氧同位素的第一阶段（MIS1），为末次冰期冰后期，为全新世黄土。该阶段，粗颗粒含量较少，细颗粒含量较多，中值粒径较小，低频磁化率（χ_{lf}）平均值较大，表明该时期夏季风主导，气候暖湿，成壤作用较强，发育古土壤。

剖面深度 200~500cm 范围内，光释光年代范围为 11~28ka，与深海氧同位素的第二阶段（MIS2）相对应，末次冰期冰盛期，为马兰黄土堆积。该阶段粗颗粒含量增加，细颗粒含量减少，中值粒径较大，磁化率呈现较低的值，表明该时期夏季风减弱，冬季风增强，气候较为干冷，成壤作用减弱，堆积黄土层。

剖面深度 500cm 至底部，光释光年代范围在 28~42ka 之间，对应深海氧同位素的第三阶段（MIS3）。该阶段粗颗粒含量减少，细颗粒含量增加，中值粒径较大，磁化率值增加且保持较大值，表明该时期主导风为夏季风，气候暖湿，成壤作用增强。剖面深度 670~710cm（G2 砾石层）和 1260~1310cm（G1 砾石层）处形成两期砾石层。G2 砾石层砾石砾径较小，在 11~15mm 之间，主要以石灰岩为主，磨圆度较好，呈叠瓦状排列，砾石 ab 面倾向主要为正西方向，光释光年代结果在 31.5~32.0ka 范围内，表明该时期气候温暖湿润，降水较大，降水量远大于渗水量，形成自东向西的地表径流。流水携带沿途碎屑物在河道堆积。剖面深度 710~1270cm，光释光年代结果在 32~39ka，气候较暖湿，但降水大大减少，不能形成地表径流，大量的风沙物质在该时期堆积下来。G1 砾石层砾石砾径大于 G2 砾石层砾石砾径，在 16~20mm 之间，主要以石灰岩为主，磨圆度较好，呈叠瓦状排列，砾石 ab 面倾向主要为北东方向，光释光年代结果在 39.0~39.7ka 范围内，表明该时期气候温暖湿润，降水多，降水量比 G2 砾石层形成时期更大，水动能更大，形成自东北向西南的地表径流。

（三）砾石层形成过程与全球变化的区域响应

HY 剖面砾石层堆积表明 38.7~40ka 和 29~32ka 期间，气候温暖湿润，降水较大，当植物截留和土壤吸收达到饱和后，形成沿天然坡向流动的细小水流，众多的细小支流汇聚到河道中，形成自东向西的地表径流。河道两岸山坡上的石灰岩风化碎屑物在重力作用、坡面漫流的侵蚀与搬运作用下进入河道，在河道沉积下来。起初，河流径流量较小，并不能立即携带砾石等较粗粒物质流向下游，沉积下来的砾石在流水侵蚀作用下不断磨圆。降水量的不断增加导致河流径流量的增加，当河流径流量达到能够携带砾石等粗粒物质流动的程度时，之前沉积下来的砾石等粗粒物质向下游运动，砾石在流水的搬运过程中，受到流水侵蚀和地面磨蚀作用不断磨圆。当携带砾石等粗粒物质的水流到达下游时，由于沟谷纵比降的减小及流水前进途中遇植被等障碍物时，水流流速减小，水流的分选作用使其中一部分砾石沉积下来，另一部分较小砾石继续随流水向下游运动。河流上游的砾石不断被水流带到下游，下游水流在分选作用下，砾石不断沉积，沉积下来的砾石又在流水的侵蚀作用下不断磨圆。因此，在这个时期，侵蚀—搬运—沉积—侵蚀的过程不断进行，砾石层的厚度不断加积。

中国大量的地质资料和综合研究表明，全球海洋氧同位素 3 阶段（MIS3）晚期，地质年代相当于距今 40~30ka 之前，中国大部分地区具有间冰阶海侵、暖湿的气候特征，表现为两个明显的暖峰和中间一个较为寒冷的低谷。这一时期的气候特征可能创造了中国东部陆地上古环境感应体砾石层与黄土交错沉积的现象。有证据表明，在黄海发现的泥炭，形成年代约为距今 40ka，表明这一时期黄海地区气候较暖湿；38.7~40ka 期间，HY 剖面沉积物表现为 G1 砾石层堆积。渤海南部 S3 孔第二海相层，其年龄大致在 35~28ka，绿泥石含量低，又含较多的多变假轮虫（该种为现代东海优势种之一），反映当时水温较高，水深较大；29~32ka 期间，HY 剖面沉积物表现为 G2 砾石层堆积。华北泥盆湾盆地黄土磁化率显示，在距今 40~30ka 期间也出现了几次相对冷事件，如 35.9ka 左右的 Heinrich 事件；32~38.7ka 期间，HY 剖面沉积物表现为黄土沉积，这可能是 4 次 Heinrich 事件的反映。因此，HY 剖面沉积环境可能是全球变化的区域响应，对于研究中国东部风尘沉积的环境背景、探讨东亚地区重大气候时间奠定重要基础（图 6-11）。

十、研究结论

本书对山东章丘 HY 黄土剖面砾石层上下部黄土沉积进行了沉积学特征研究，对其搬运动力及其沉积环境进行判别，对砾石层砾径、砾向、砾态及砾性等沉积特征分析，结合光释光测年，讨论了 HY 黄土剖面堆积过程的古环境演变。研究结果表明：

（1）章丘 HY 剖面深度 100cm、250cm、370cm、470cm、7.17cm 和 1260cm 出的光释光年代结果为 0.264±0.017ka、15.7±0.7ka、20.4±1.4ka、23.6±1.4ka、32.0±2.0ka、39.0±2.0ka，未出现倒置现象且基本连续，并结合同区域章丘 BX 剖面地层对比，说明该剖面末次冰期晚更新世中期以来的沉积物，G1 砾石层形成年代为 39.0±2.0ka~39.7±2.0ka，G2 砾石层形成年代为 31.5±2.0ka~32.0±2.0ka。

（2）通过粒度分析对章丘 HY 剖面沉积物进行成因判别，样品粒度频率分布曲线呈双峰分布，粒度组成以粉砂为主，具有典型风成黄土的特征，并结合粒度象和萨胡判别公式对其沉积环境进行判别，可判知章丘 HY 剖面沉积物为典型风尘堆积物。

（3）通过对 G1、G2 砾石层进行砾组分析得到，G1、G2 砾石层砾石砾径均以细砾和中砾为主，砾石层形成时期的水动力较弱。G1 砾石层

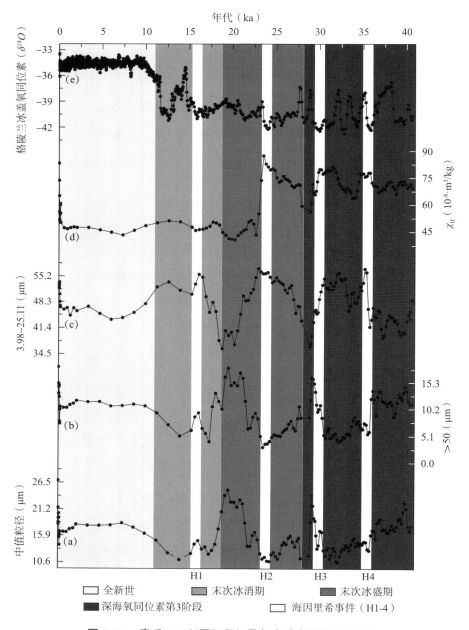

图 6-11　章丘 HY 剖面沉积记录与全球变化的区域响应

砾石砾径主要在 16~20mm 之间，$G2$ 砾石层砾石砾径主要在 11~15mm 之间，$G1$ 砾石层砾石砾径大于 $G2$ 砾石层砾石砾径，表明 $G1$ 砾石层形成时期的水动力大于 $G2$ 砾石层形成时期的水动力。砾向在 $G1$、$G2$ 砾石层形成时期表现为北东向（NE）和正东向（E），古流向变化不大，呈自东向西的基本流向。$G1$、$G2$ 砾石层砾石岩性成分均以石灰岩为主，其含量高达95%以上，砾石砾态均以次棱状和次圆状为主，总含量均达到 70% 以上，磨圆度较好，根据该区地层特征和古流向，$G1$、$G2$ 砾石层应为近源物质且物源区在形成时期并未发生明显的改变。

（4）利用水流能量法计算得到 $G1$、$G2$ 砾石层形成时期河流平均流速、平均深度和洪峰流量分别为 1.10m/s、0.49m、37.04m³/s 和 0.98m/s、0.38m、18.38m³/s。

（5）根据粒度中值粒径（Md）、环境敏感组分（3.98~25.11μm）、低频磁化率（χ_{lf}）等气候代用指标，结合光释光年代结果，与深海氧同位素对比，章丘 HY 剖面可分为现代耕作层、MIS1、MIS2、MIS3 四期。剖面深度 0~40cm 为现代耕作层，受人为活动和现代植被的影响强烈；剖面深度 40~200cm 范围内对应深海氧同位素的第一阶段（MIS1），为末次冰期冰后期，为全新世黄土，该时期夏季风主导，气候暖湿，成壤作用较强，发育古土壤；剖面深度 200~500cm 范围内，与深海氧同位素的第二阶段（MIS2）相对应，末次冰期冰盛期，为马兰黄土堆积，该时期夏季风减弱，冬季风增强，气候较为干冷，成壤作用减弱，堆积黄土层；剖面深度 500cm 至底部，对应深海氧同位素的第三阶段（MIS3），该时期主导风为夏季风，气候暖湿，成壤作用增强。剖面深度 670~710cm（$G2$ 砾石层）和 1260~1310cm（$G1$ 砾石层）处形成两期砾石层。$G2$ 砾石层砾石砾径较小，在 11~15mm 之间，以石灰岩为主，磨圆度较好，呈叠瓦状排列，砾石 ab 面倾向主要为正西方向，光释光年代结果在 31.5~32.0ka 范围内，表明该时期气候温暖湿润，降水较大，降水量远大于渗水量，形成自东向西的地表径流。G1 砾石层砾石砾径大于 G2 砾石层砾石砾径，在 16~20mm 之间，主要以石灰岩为主，磨圆度较好，呈叠瓦状排列，砾石 ab 面倾向主要为北东方向，光释光年代结果在 39.0~39.7ka 范围内，表明该时期气候温暖湿润，降水多，降水量比 G2 砾石层形成时期更大，水动能更大，形成自东北向西南的地表径流。

（6）晚更新世晚期中国大部分地区具有间冰阶海侵、暖湿的气候特征，山东章丘 HY 剖面砾石层和黄土交错堆积的沉积环境可能是全球变化的区域响应，有助于深刻理解中国东部风尘沉积的环境背景，为探讨东亚地区重大气候事件奠定基础。

第七章　存在的问题与展望

第一节　研究中存在的问题与不足

在过去的黄土研究中，尤其是在黄土高原的研究中，学术界往往倾向于沿用传统的思维模式和研究方法，这在一定程度上限制了我们对黄土沉积特性的深入理解。黄土高原作为黄土研究的重要区域，其研究成果固然丰富，但过多地依赖这一地区的经验，可能会使我们在面对其他地区的黄土沉积时陷入思维定式。特别是在揭示区域环境变化历史方面，围绕不同地区黄土自身沉积特点设计的科学问题显得尤为不足。山东地区的黄土堆积，尤其是晚第四纪以来的风尘堆积，为我们提供了一个新的研究视角，特别是其中砾石层的研究，更是成为理解区域环境变化的新起点。

山东地区地处华北平原的东部，其地质构造复杂，地形地貌多样，气候环境多变，这些因素共同作用，形成了独特的风尘堆积特征。特别是自西向东广泛分布的砾石层，从泰鲁沂山（鲁中南山地）北麓一直延伸到山东半岛山地丘陵北麓，直至庙岛群岛，这些砾石层的存在，不仅丰富了我们对山东地区晚第四纪以来地质历史的认知，更为我们研究区域古水系、古水文以及古地形地貌的演变过程提供了宝贵的物质证据。

然而，尽管这些砾石层在揭示区域环境变化方面具有重要价值，但当前的研究仍存在诸多不足。首先，对砾石层成因的探讨尚不深入，砾石层的形成机制复杂多样，准确区分不同成因，是解决砾石层成因分歧的关键。其次，对砾石层的物质来源和环境指示意义的研究还不够系统，缺乏综合应用多种技术手段进行深入分析的能力。最后，对不同剖面中砾石层的对比研究尚不充分，未能充分揭示其分布规律和搬运机制，进而影响了我们对区域环境演变过程的理解。

一、建立山东风尘沉积中砾石层成因判别机制

砾石层成因的复杂性是山东风尘堆积中砾石层研究的重点。一般来说，砾石层的形成大致可分为构造成因和气候成因两种。构造成因的砾石层通常与地壳运动、断层活动、地震等地质事件有关，其沉积特征往往表现为层理紊乱、砾石大小不一、形状各异，且常伴有断层、褶皱等构造现象。而气候成因的砾石层则多受气候变化的影响，如降水、风力等自然力作用下的侵蚀、搬运和沉积过程，其沉积特征往往表现为层理清晰、砾石大小相对均匀、形状较为规则。

为了建立山东风尘沉积中砾石层成因判别机制，我们需要从多个角度进行深入研究。首先，要对砾石层的沉积特征进行系统的描述和分析，包括砾石的砾径、砾态、岩性、磨圆度等物理特征，以及层理结构、沉积构造等地质特征。其次，要利用现代科技手段对砾石层的沉积年代进行精确测定，如使用光释光测年、电子自旋共振测年等方法，以确定砾石层的形成时间。同时，还要结合地质构造背景，分析砾石层与周边地质构造的关系，判断其是否受到构造活动的影响。

二、山东地区风尘沉积中砾石层的物源与环境指示意义研究

利用测年结果确定沉积事件的时间节点，根据砾石沉积特征分析其物质来源，目前，碎屑锆石 U-Pb 定年是沉积物物源示踪最为成熟的方法，利用砾石层的锆石 U-Pb 年龄谱与可能的源区的锆石 U-Pb 年龄谱进行对比，从而确定砾石沉积的物质来源；利用孢粉、地球化学元素等指标分析其沉积环境，推断其地质搬运营力，探讨其对气候环境的指示意义。

三、山东地区风尘沉积中砾石层的对比研究

山东风尘堆积中砾石层的数量和层位存在差异，不同剖面中砾石层的层量或出现的层位不同。根据山东地区的地质、地貌条件，风尘堆积中砾石层的沉积特征与分布，分析搬运方向、搬运动力，推测其物质来源。探讨其与风尘堆积的埋藏关系，结合沉积年代事件，探究风积黄土层与水成沉积交替出现的区域环境演变过程，利用这种水文—地貌—沉积物交替结构解析水系演化—地貌变动—地质构造活动—气候变化的相互关联机制。

第二节　未来研究方向与趋势

风尘堆积中的砾石层作为地质学和古环境学研究的重要对象，承载着丰富的古气候、古地貌和古人类活动信息。随着科技的进步和研究的深入，砾石层的研究方法和研究内容也在不断地拓展和深化。本章将围

绕高分辨率年代框架构建、多指标综合分析方法发展、数值模拟技术在砾石层研究中应用以及全球变化背景下砾石层响应机制探讨这四个方面，探讨风尘堆积中砾石层未来的研究趋势。

一、高分辨率年代框架构建

在风尘堆积研究中，构建高分辨率的年代框架是揭示古环境变迁时间序列和演变规律的基础。砾石层作为风尘堆积的重要组成部分，其年代的准确测定对于理解沉积过程、环境变化及人类活动的影响具有重要意义。

（一）年代测定技术的改进

传统的年代测定方法，如放射性同位素测年、古地磁测年等，在砾石层年代研究中得到了广泛应用。然而，这些方法在某些特定条件下可能存在局限性，如放射性同位素的半衰期限制、古地磁信号的连续性等。因此，开发新的年代测定技术，如光释光测年、宇宙成因核素测年（CRN）等，将为砾石层年代框架的构建提供更加精确和可靠的依据。

光释光测年技术是一种基于矿物颗粒中积累的辐射能量释放过程进行年代测定的方法。在砾石层中，通过采集不同深度的砾石样品，测量其中矿物颗粒的光释光信号强度，可以推算出沉积物的暴露时间和埋藏历史。这种方法在黄土高原等地的风尘堆积研究中已经取得了显著成果，并有望在未来的砾石层年代研究中得到更广泛的应用。

宇宙成因核素测年则是利用宇宙射线与地球大气中的原子核相互作用产生的放射性核素来测定沉积物的年代。这种方法不受沉积物中原有放射性同位素的限制，且能够覆盖更长的时间尺度。在砾石层研究中，通过测量不同深度样品中的宇宙成因核素含量，可以建立起高精度的年代序列。

（二）年代框架的精细化

除了年代测定技术的改进外，年代框架的精细化也是未来研究的重要方向。这包括提高年代测定的精度和分辨率，以及构建跨区域的年代对比框架。

提高年代测定的精度和分辨率有助于更准确地揭示砾石层的沉积速率和沉积环境变化。通过采用更精确的测年技术和更密集的采样策略，可以建立起更加精细的年代框架，为深入研究砾石层的沉积机制和环境意义提供有力支持。

同时，构建跨区域的年代对比框架也是未来研究的重要任务。不同地区的砾石层可能具有不同的沉积环境和年代特征，通过跨区域的年代对比研究，可以揭示砾石层在全球范围内的分布规律和演化趋势，为理解全球环境变化提供重要线索。

二、多指标综合分析方法发展

多指标综合分析方法在风尘堆积研究中已经得到了广泛应用，它通过综合考虑多个指标的信息来揭示沉积物的来源、沉积环境及环境变化过程。在砾石层研究中，多指标综合分析方法同样具有重要的应用价值。

（一）指标体系的构建

构建科学合理的指标体系是多指标综合分析方法的基础。在砾石层研究中，可以根据研究目的和沉积环境的特点，选择适当的指标进行综合分析。这些指标可以包括砾石的粒径分布、成分组成、形态特征、沉积构造等物理性质指标，以及磁性参数、元素地球化学特征、稳定同位素比值等地球化学指标。通过综合分析这些指标的信息，可以揭示砾石层的沉积环境、物质来源及搬运过程等方面的信息。例如，粒径分布和形态特征可以反映砾石在搬运过程中的磨蚀程度和分选性；成分组成和地球化学特征则可以提供砾石来源的线索；磁性参数则可以反映沉积物的磁性矿物含量和磁性特征等。

（二） 指标的处理与整合

在多指标综合分析方法中，指标的处理与整合是关键步骤。这包括数据的标准化处理、权重分配、指标间的相关性分析以及综合评价模型的构建等。

数据的标准化处理是为了消除不同指标之间单位和量纲的差异，使得不同指标之间的信息可以进行有效的比较和整合。权重分配则是根据各指标在综合评价中的重要程度进行赋值，以反映各指标对综合评价结果的贡献程度。

指标间的相关性分析可以揭示不同指标之间的内在联系和相互作用关系。通过相关性分析，可以筛选出对综合评价结果影响较大的关键指标，从而提高综合评价的准确性和可靠性。

综合评价模型的构建则是将不同指标的信息进行整合和融合，以形成一个综合性的评价结果。这可以通过采用加权平均法、主成分分析法、数据包络分析法等数学模型来实现。这些模型可以根据不同的评价目的和沉积环境特点进行选择和优化，以得到更加准确和可靠的综合评价结果。

（三） 多指标综合分析方法的拓展

随着科学技术的进步和研究的深入，多指标综合分析方法在砾石层研究中的应用也在不断拓展和深化。未来，我们可以期待以下几个方面的发展。

1. 新技术和新方法的引入

随着科技的不断进步，越来越多的新技术和新方法将被引入砾石层的多指标综合分析中。例如，高光谱遥感技术、激光扫描技术、无人机摄影测量技术等，这些技术可以提供更加丰富的空间信息和地表特征数据，为砾石层的空间分布、形态特征和沉积环境等方面的研究提供新的手段和方法。

2. 跨学科合作与融合

砾石层的研究涉及地质学、地理学、环境科学等多个学科领域。未来，跨学科的合作与融合将成为推动砾石层研究发展的重要动力。通过不同学科之间的交叉和融合，可以更加深入地揭示砾石层的沉积机制、环境变化过程以及人类活动的影响等方面的信息。

3. 大数据和人工智能的应用

随着大数据和人工智能技术的不断发展，这些技术也将被引入砾石层的多指标综合分析中。通过大数据的挖掘和分析，可以发现砾石层沉积过程中的规律和趋势；而人工智能技术的应用，则可以实现砾石层沉积环境的智能预测和模拟，为砾石层的保护和利用提供更加科学的依据。

三、数值模拟技术在砾石层研究中的应用

数值模拟技术是一种基于数学模型和计算机算法对物理过程进行模拟和预测的方法。在砾石层研究中，数值模拟技术可以为我们提供更加直观的、深入的关于沉积过程、环境变化以及人类活动的影响等方面的信息。

（一）沉积过程的数值模拟

沉积过程是砾石层形成和演化的重要环节。通过数值模拟技术，我

们可以对砾石层的沉积过程进行模拟和预测。这包括砾石的搬运、沉积、堆积以及后期的改造过程等。通过模拟不同条件下的沉积过程，我们可以揭示砾石层的沉积机制、沉积速率以及沉积环境的变化等方面的信息。

（二）环境变化的数值模拟

环境变化是影响砾石层沉积和演化的重要因素之一。通过数值模拟技术，我们可以对环境变化进行模拟和预测。这包括气候变化、海平面变化、河流侵蚀和沉积等过程。通过模拟不同条件下的环境变化过程，我们可以揭示砾石层对环境变化的响应机制以及砾石层在环境变化中的演化趋势等方面的信息。

（三）人类活动影响的数值模拟

人类活动对砾石层的影响日益显著。通过数值模拟技术，我们可以对人类活动的影响进行模拟和预测。这包括工程建设、土地利用变化、水资源开发等过程。通过模拟不同条件下的人类活动影响过程，我们可以揭示人类活动对砾石层的破坏程度、影响范围以及可能的恢复措施等方面的信息。

（四）数值模拟技术的优化与改进

虽然数值模拟技术在砾石层研究中已经取得了一定的成果，但仍存在一些问题和挑战。例如，模型的精度和可靠性有待提高；计算效率和计算资源的需求较大；模型的参数化和验证等方面仍需进一步完善。因此，未来我们需要对数值模拟技术进行不断的优化和改进，以改善其在砾石层研究中的应用效果。

四、全球变化背景下砾石层响应机制探讨

在全球气候与环境变化的背景下，风尘堆积中的砾石层作为记录地

质历史、古气候和古环境的重要载体，其响应机制的研究显得尤为重要。砾石层不仅揭示了过去的构造活动、气候变化和沉积环境变化，而且对未来环境变化预测和自然灾害预警也具有重要意义。以下是对全球变化背景下砾石层响应机制探讨的未来研究趋势的详细分析。

（一）砾石层成因机制的深入研究

砾石层的形成机制复杂多样，主要包括构造成因和气候成因。构造成因通常与地壳运动、断裂活动、地震和抬升作用等地质过程相关，而气候成因则与风化、侵蚀、搬运和沉积等气候过程密切相关。未来研究需要更深入地探讨砾石层的成因机制，特别是如何区分和识别不同成因的砾石层。这需要运用多种地质、地球物理和地球化学方法，如地震勘探、重力勘探、磁力勘探、同位素测年和地球化学分析等，以揭示砾石层的成因及其演化过程。

（二）砾石层沉积特征与环境变化的关联

砾石层的沉积特征，包括砾石的粒度、形状、排列方式、层理结构等，能够反映沉积环境和水动力条件的变化。在全球变化背景下，砾石层的沉积特征将如何响应气候变化、海平面升降、河流改道等环境因素，是未来研究的重要方向。通过对砾石层沉积特征的详细分析，可以重建古水系、古水文和古地形地貌的演变过程，揭示其反映的气候环境事件，为认识风尘堆积的环境背景提供重要依据。

（三）砾石层年代学的精确测定

年代学是砾石层研究的基础，也是探讨其响应机制的关键。目前，常用的年代学方法包括同位素测年、古地磁测年、孢粉分析等。然而，由于砾石层中可定年材料的稀缺性和复杂性，年代学的精确测定仍然是一个挑战。未来研究需要探索新的年代学方法和技术，如光释光测年、宇宙成因核素测年等，以提高砾石层年代测定的精度和可靠性。同时，还需要加强不同年代学方法之间的对比和验证，以建立更加完善的砾石层年代框架。

（四）砾石层对全球气候变化的响应

全球气候变化对砾石层的形成和演化具有重要影响。随着全球变暖、降水模式变化、海平面升降等气候因素的改变，砾石层的沉积环境、沉积过程和物质来源将发生相应变化。未来研究需要深入探讨砾石层对全球气候变化的响应机制，包括砾石层的形成速率、沉积模式、物质组成等方面的变化。这有助于我们更好地理解全球气候变化对地质环境的影响，以及如何利用砾石层记录来预测未来气候变化趋势。

参考文献

［1］ Alley R B，Mayewski P A，Sowers T，et al. Holocene climatic instability：A prominent，widespread event 8200 yr ago ［J］. Geology，1997，25（6）：483−486.

［2］ Alley R B. The Younger Dryas cold interval as viewed from central Greenland ［J］. Quaternary Science Reviews，2000，19（1）：213−226.

［3］ Andrews J T. Abrupt changes（Heinrich events）in late Quaternary North Atlantic marine environments：a history and review of data and concepts ［J］. Journal of Quaternary Science，1998，13（1）：3−16.

［4］ Bond G，Broecker W，Johnsen S，et al. Correlations between climate records from North Atlantic sediments and Greenland ice ［J］. Nature，1993，365：143−147.

［5］ Bond G，Showers W，Cheseby M，et al. A Pervasive Millennial−Scale Cycle in North Atlantic Holocene and Glacial Climates ［J］. Science，1997，278（5341）：1257−1265.

［6］ Brauer A，Endres C，Günter C，et al. High resolution sediment and vegetation responses to Younger Dryas climate change in varved lake sediments from Meerfelder Maar，Germany ［J］. Quaternary Science Reviews，1999，18（3）：321−329.

［7］ Broecker W，Bond G，Klas M，et al. Origin of the northern Atlantic's Heinrich events ［J］. Climate Dynamics，1992，6（3）：265−273.

［8］ Casas−Mulet R，Lakhanpal G，Stewardson M J. The relative contribution of near−bed vs. intragravel horizontal transport to fine sediment accumulation processes in river gravel beds [J]. Geomorphology, 2018, 303: 299-308.

[9] Chabangborn A, Punwong P, Phountong K, et al. Environmental changes on the west coast of the Gulf of Thailand during the 8.2ka event [J]. Quaternary International, 2020, 536 (C): 103-113.

[10] Climap Project Members. The Surface of the Ice-Age Earth [J]. Science, 1976, 191 (4232): 1131-1137.

[11] Dansgaard W, Johnsen S J, Clausen H B, et al. Evidence for general instability of past climate from a 250-kyr ice-core record [J]. Nature, 1993, 364 (6434): 218-220.

[12] Debasish Pal, Ghoshal K. Mathematical model on grain-size distribution in suspension over sand-gravel bed [J]. Journal of Hydrology, 2014, 511: 640-647.

[13] Ding M, Peng S, Mao L, et al. Major Element Geochemistry of LongShan Loess Profile in the Central Shandong Mountainous regions, Northern China [J]. Journal of Risk Analysis & Crisis Response, 2017, 7 (3): 127.

[14] Duan P Z, Li H Y, Ashish S, et al. The timing and structure of the 8.2ka event revealed through high-resolution speleothem records from northwestern Madagascar [J]. Quaternary Science Reviews, 2021, 268: 107104.

[15] Fanning A F, Weaver A J. Temporal-geographical meltwater influences on the North Atlantic conveyor: Implications for the Younger Dryas [J]. Paleoceanography, 1997, 12 (2): 307-320.

[16] Galović L, Peh Z. Mineralogical discrimination of the pleistocene loess/paleosol sections in Srijem and Baranja, Croatia [J]. Aeolian Research, 2016, 21: 151-162.

[17] Grachev A M, Severinghaus J P. A revised +10±4℃ magnitude of the abrupt change in Greenland temperature at the Younger Dryas termination using published GISP2 gas isotope data and air thermal diffusion constants [J]. Quaternary Science Reviews, 2005, 24 (5-6): 513-519.

[18] Hafsten U. A sub-decision of the late Pleistocene period on a synchronous basis, intended for global and universal usage [J]. Palaeogeography Palaeoclimatology Palaeoecology, 1970, 7 (4): 279-296.

［19］ Harms J C. Depositional environments as interpreted from primary sedimentary structures and stratification sequences ［M］. Society of Economic Paleontologists and Mineralogists, 1975.

［20］ Jansen E, Veum T. Evidence for two-step deglaciation and its impact on North Atlantic deep-water circulation ［J］. Nature, 1990, 343: 612-616.

［21］ Jin Z, Li G, Bi H F, et al. Effects of afforestation on soil and ambient air temperature in a pair of catchments on the Chinese Loess Plateau. Catena, 2019, 175: 356-366.

［22］ John I. Proxy records of quaternary climate ［J］. Annals of Glaciology, 1984, 5 (1): 203.

［23］ Kemp R A, Derbyshire E, Meng X, et al. Pedosedimentary Reconstruction of a Thick Loess-Paleosol Sequence near Lanzhou in North-Central China ［J］. Quaternary Research, 2017, 43 (1): 30-45.

［24］ L'Amoreaux P., Gibson S. Quantifying the scale of gravel-bed clusters with spatial statistics ［J］. Geomorphology, 2013, 197: 56-63.

［25］ Lewis D W, Ekdale A A. Lithofacies relationships in alate Quaternary gravel and loess fan delta complex, New Zealand ［J］. Palaeogeography, Palaeoclimatology, Palaeoecology, 1991, 81 (3/4): 229-251.

［26］ Li Y, Gholami H. Song Y G, et al. Source fingerprinting loess deposits in Central Asia using elemental geochemistry with Bayesian and GLUE models ［J］. Catena, 2020, 194: 104808.

［27］ Li Z., Wang Z., Pan B., et al., Li W. The development mechanism of gravel bars in rivers ［J］. Quaternary International, 2014, 336: 73-79.

［28］ Lu H Y, An Z S. Pretreatment methods in loess-palaeosol granulometry ［J］. Chinese Science Bulletin, 1997, 42: 237-240.

［29］ Mayewski P A, Meeker L D, Twickler M S, et al. Major features and forcing of high-latitude northern hemisphere atmospheric circulation using a 110, 000-year-long glaciochemical series ［J］. Journal of Geophysical Research: Oceans, 1997, 102 (C12): 26345-26365.

［30］ Mayewski P A, Meeker L D, Whitlow S, et al. The Atmosphere During the Younger Dryas ［J］. Science, 1993, 261 (5118)：195-197.

［31］ Miao X, Lindsey D A, Lai Z, et al. Contingency table analysis of pebble lithology and roundness：A case study of Huangshui River, China and comparison to rivers in the Rocky Mountains, USA ［J］. Sedimentary Geology, 2010, 224 (1)：49-53.

［32］ Miao X, Lu H, Li Z, et al. Paleocurrent and fabric analyses of the imbricated fluvial gravel deposits in Huangshui Valley, the northeastern Tibetan Plateau, China ［J］. Geomorphology, 2008, 99 (1-4)：433-442.

［33］ Nelson P. A. , Bellugi D. , Dietrich W. E. Delineation of river bed-surface patches by clustering high-resolution spatial grain size data ［J］. Geomorphology, 2014, 205：102-119.

［34］ Neudorf C M, Roberts R G, Jacobs Z. Assessing the time of final deposition of Youngest Toba Tuff deposits in the Middle Son Valley, northern India ［J］. Palaeogeography Palaeoclimatology Palaeoecology, 2014, 399 (2)：127-139.

［35］ NGICP Members. High-resolution record of Northern Hemisphere climate extending into the last interglacial period ［J］. Nature, 2004, 431 (7005)：147-151.

［36］ Oliver A K, Andreas K, Frederik A J, et al. A near-continuous record of climate and ecosystem variability in Central Europe during the past 130 kyrs (Marine Isotope Stages 5-1) from Füramoos, southern Germany ［J］. Quaternary Science Reviews, 2022, 284：107505.

［37］ Rind D, Peteet D, Broecker W, et al. The impact of cold North Atlantic sea surface temperatures on climate：implications for the Younger Dryas cooling (11-10 k) ［J］. Climate Dynamics, 1986, 1 (1)：3-33.

［38］ Sahu B K. Depositional Mechanisms from the Size Analysis of Clastic Sediments ［J］. Journal of Sedimentary Research, 1964, 34 (1)：2-24.

［39］ Schatz A K, Scholten T, Kühn P. Paleoclimate and weathering of the Tokaj (Hungary) loess - paleosol sequence ［J］. Palaeogeography Palaeoclimatology Palaeoecology, 2015, 426：170-182.

［40］ Shen H Y, Yu L P, Zhang H M, et al. OSL and radiocarbon dating of flood deposits and its paleoclimatic and archaeological implications in the Yihe River Basin, East China ［J］. Quaternary Geochronology, 2015, 30: 398-404.

［41］ Smalley I, O'Hara-Dhand K, Kwong J. China: Materials for a loess landscape ［J］. Catena, 2014, 117 (2): 100-107.

［42］ Sun J M, Gong Z J, Tian Z H, et al. Late Miocene stepwise aridification in the Asian interior and the interplay between tectonics and climate ［J］. Palaeogeography Palaeoclimatology Palaeoecology, 2015, 421: 48-59.

［43］ Tian S C, Sun J M, Lu L L et al. Optically stimulated luminescence dating of late Quaternary loess deposits in the coastal region of North China: Provenance and paleoclimatic implications ［J］. Quaternary Science Reviews, 2019, 218: 160-177.

［44］ Waltgenbach S, Scholz D, Spötl C, et al. Climate and structure of the 8.2ka event reconstructed from three speleothems from Germany ［J］. Global and Planetary Change, 2020, 193: 103266.

［45］ Wu Y, Qiu S, Fu S, et al. Pleistocene climate change inferred from multi-proxy analyses of a loess-paleosol sequence in China ［J］. Journal of Asian Earth Sciences, 2017, 154: 428-434.

［46］ Xiao W S, Leonid P, Wang R J, et al. A sedimentary record from the Makarov Basin, Arctic Ocean, reveals changing middle to Late Pleistocene glaciation patterns ［J］. Quaternary Science Reviews, 2021, 270: 107176.

［47］ Xu S J, Ding X C, Yu L P, Ni Z C. Palaeoclimatic implications of aeolian sediments on the Miaodao Islands, Bohai Sea, East China, based on OSL dating and proxies ［J］. Aeolian Research, 2015, 19: 259-266.

［48］ Xu S J, Kong F B, Jia G J, et al. An integrated OSL chronology, sedimentology and geochemical approach to loess deposits from Tuoji Island, Shandong Province: Implications for the late quaternary paleoenvironment in East China ［J］. Aeolian Research, 2018, 31: 105-116.

［49］ Yang S L, Ding Z L, Li Y Y, et al. Warming-induced northwestward migration of the

East Asian monsoon rain belt from the Last Glacial Maximum to the mid-Holocene [J]. Proceedings of the National Academy of Sciences of the United States of America, 2015, 112 (43): 13178-13183.

[50] Yao T D. Abrupt climatic changes on the Tibetan Plateau during the Last Ice Age—Comparative study of the Guliya ice core with the Greenland GRIP ice core [J]. Science in China (Series D: Earth Sciences), 1999 (4): 358-368.

[51] Zhang W G, Dong, C Y, Ye L P, et al. Magenetic properties of coastal loess on the Miaodao island, northern China: implication for provenance and weathering intensity [J]. Palaeogeography, Palaeoclimatology, Palaeoecology, 2012, 333-334: 160-167.

[52] Zsófia R, Marjan T, Zoltán K, et al. Late Pleistocene glacial advances, equilibrium-line altitude changes and paleoclimate in the Jakupica Mts (North Macedonia) [J]. Catena, 2022, 216: 106383.

[53] 毕治国, 于振江, 邱占祥. 南京附近的哺乳动物化石与上第三系的划分 [J]. 古脊椎动物与古人类, 1977, 15 (2): 126-138.

[54] 曹家欣, 李培英, 石宁. 山东庙岛群岛的黄土 [J]. 中国科学化学: 中国科学, 1987, 17 (10): 1116-1123.

[55] 车印平, 肖海燕, 崔梦月, 等. 闽西仙云洞石笋记录的 Heinrich2 事件年龄及亚旋回特征 [J]. 沉积学报, 2018, 36 (06): 1139-1147.

[56] 陈立德, 邵长生. 宜昌地区更新世砾石层研究 [J]. 地层学杂志, 2015, 39 (3): 255-266.

[57] 陈万勇. 周口店底砾石层和附近下砾石层的沉积特征及古气候 [J]. 水文地质工程地质, 1981 (3): 33-36.

[58] 崔英方, 董进国, 赵侃. 基于石笋记录的小冰期与"8.2kaBP"事件的对比研究 [J]. 中国岩溶, 2019, 38 (1): 40-49.

[59] 崔志强, 刘登忠, 孟庆敏. 川西凹陷地区更新统砾石层沉积成因探讨 [J]. 中国地质, 2009, 36 (5): 1065-1078.

[60] 邓健如, 徐瑞瑚, 齐国凡, 等. 新洲阳逻-黄州龙王山砾石层的砾组分析 [J].

湖北大学学报（自然科学版），1987（2）：81-87.

[61] 刁桂仪. 山东黄土中的 CaCO3 和 REE [J]. 地质地球化学，1994，（2）：62-64.

[62] 丁新潮，曹文，徐树建，等. 山东平阴黄土剖面稀土元素特征及对物源的指示意义 [J]. 干旱区资源与环境，2015，29（9）：188-192.

[63] 方文丽，姚政权，石学法，等. 渤海沉积记录的末次冰期千年尺度古环境与古气候变化 [J]. 海洋地质与第四纪地质，2019，39（3）：61-71.

[64] 付信花，徐树建，韩美，等. 山东地区黄土研究现状与展望 [J]. 鲁东大学学报（自然科学版），2012，28（4）：375-379.

[65] 傅建利，张珂，马占武，等. 中更新世晚期以来高阶地发育与中游黄河贯通 [J]. 地学前缘，2013，20（4）：166-181.

[66] 韩志勇，李徐生，陈英勇，等. 南京地区新近纪砂砾层的沉积环境演变 [J]. 第四纪研究，2009，29（2）：361-369.

[67] 韩志勇，李徐生，陈英勇. 南京地区新近纪地层的划分问题 [C] //中国地理学会 2007 年学术年会论文摘要集. 2007.

[68] 何多兴，谢世友，邹晓红，等. 江北砾岩沉积特征及形成环境研究 [J]. 西南师范大学学报（自然科学版），2006，31（1）：142-146.

[69] 胡晨琦，胡春生，刘永婷，等. 青弋江泾县段最高阶地的 ESR 年代及其构造气候意义 [J]. 山地学报，2017（4）：469-476.

[70] 胡春生，吴立，杨立辉. 青弋江上游泾县段阶地砾石层砾组结构及其沉积环境研究 [J]. 地理科学，2016，36（6）：951-958.

[71] 胡梦珺，冯淑琴，李向锋，等. 共和盆地黄河阶地砾石组构特征与环境意义 [J]. 现代地址，2018，32（1）：145-153.

[72] 黄宁生，关康年. 鄂东阳逻地区早更新世砾石层研究 [J]. 地球科学，1993（5）：589-596.

[73] 黄志强. 鲁南沿海海岸砾石层的特征及其形成环境 [J]. 海洋科学，1990，14（4）：58-61.

[74] 黄志强. 山东祊河南侧地貌特征与新生代砾岩（砾石层）[J]. 江苏师范大学学报（自然科学版），1985：84-92.

[75] 季军良，郑洪波，李盛华，等．山西平陆黄河阶地与古三门湖消亡、黄河贯通三门峡时代问题的探讨［J］．第四纪研究，2006，26（4）：665-672.

[76] 贾广菊，徐树建，孔凡彪，等．山东大黑山岛北庄黄土沉积特征及其环境演变［J］．第四纪研究，2017，37（3）：522-534.

[77] 江波，李铁刚，孙荣涛，等．末次冰期 Heinrich 事件研究进展［J］．海洋科学，2007，31（11）：73-77.

[78] 金祥龙，郑开云．庙岛群岛地质的初步观察［J］．海洋与湖沼，1964，6（4）：364-370.

[79] 康春国，李长安，张玉芬，等．宜昌砾石层重矿物组合特征及物源示踪分析［J］．地质学报，2014，88（2）：254-262.

[80] 孔凡彪，徐树建，贾广菊．山东淄博佛村黄土沉积多指标记录的气候环境演变过程［J］．地球环境学报，2017，8（5）：407-418.

[81] 赖忠平，欧先交．光释光测年基本流程［J］．地理科学进展，2013，32（5）：683-693.

[82] 李庭，李长安，康春国，等．宜昌砾石层的沉积环境及地貌意义［J］．中国地质，2010，37（2）：438-445.

[83] 李虎侯．用石英的热释光测定出的马兰黄土的形成年龄［J］．科学通报，1985，30（11）：862-864.

[84] 李吉均，文世宣，张青松，等．青藏高原隆起的时代、幅度和形式的探讨［J］．中国科学，1979（6）：78-86.

[85] 李吉均．青藏高原隆升与晚新生代环境变化［J］．兰州大学学报（自然科学版），2013，49（2）：154-159.

[86] 李建星，岳乐平，徐永，等．从山前砾石看黄河形成与吕梁山隆升［J］．地理科学，2009，29（4）：582-586.

[87] 李建星，岳乐平，徐永，等．吕梁山地区新近纪晚期地层研究进展［J］．地层学杂志，2009，33（2）：177-182.

[88] 李立文，方邺森．南京地区上第三系沉积特征及若干问题的探讨［J］．地层学杂志，1981（1）：30-37.

［89］李立文．南京附近下蜀黄土与古砾石层［M］．南京：南京师范大学出版社，2006.

［90］李培英，徐兴永，赵松龄．海岸带黄土与古冰川遗迹［M］．北京：海洋出版社，2008.

［91］李启文，毛新武，杨青雄，等．基于碎屑锆石U-Pb定年的长江中游阳逻砾石层物源示踪应用探讨［J］．资源环境与工程，2016，30（1）：1-5.

［92］李强．山东潍坊朱里黄土剖面光释光年代及环境意义［D］．山东：山东师范大学，2014.

［93］李庭，李长安，康春国，等．宜昌砾石层的沉积环境及地貌意义［J］．中国地质，2010，37（2）：438-445

［94］李应运，方邺森．南京雨花台砾石层的岩组—岩相分析［J］．南京大学学报（自然科学），1963（13）：125-142.

［95］李勇，侯中健，司光影，等．青藏高原东缘新生代构造层序与构造事件［J］．中国地质，2002，29（1）：30-36.

［96］李长安，张玉芬，皮建高，等．洞庭湖古湖滨砾石层的发现及意义［J］．第四纪研究，2006，26（3）：491-492.

［97］林仲秋，陈希祥．雨花台形成时代研讨［J］．徐州师范学院学报（自然科学版），1986（2）：45-50.

［98］刘春茹，尹功明，Rainer Grün．石英ESR测年信号衰退特征研究进展［J］．地球科学进展，2013，28（1）：24-30.

［99］刘东生．黄土与环境［M］．北京：科学出版社，1985.

［100］刘东生．中国的黄土堆积［M］．北京：科学出版社，1965.

［101］刘敬圃，赵松龄．渤海海底埋藏黄土及沿岸出露黄土的成因［J］．海洋与湖沼，1995，7（26）：364-368.

［102］刘乐军，李培英，王永吉．鲁中黄土粒度特征及其成因探讨［J］．海洋地质与第四纪地质，2000，20（1）：81-86.

［103］刘淑华，杨亮，黄嘉仪，等．川东北宋家洞高分辨率石笋δ13C记录与D/O事件5-1［J］．地球化学，2015，44（5）：413-420.

[104] 刘训，王军，张招崇，等．第四纪磨拉石组分与青藏高原隆升的关系–对新疆叶城柯克亚剖面第四系砾石成分测量结果的认识［J］．地质通报，2002，21（11）：759-763.

[105] 刘玉，杨佩佩，舒强．苏北盆地晚更新世晚期湖泊沉积记录的气候环境变化［J］．地球与环境，2021，49（1）：1-8.

[106] 刘运明，李有利，吕红华，等．黄河山陕峡谷保德–克虎段高阶地砾石层的初步研究［J］．北京大学学报（自然科学版），2007，43（6）：808-815.

[107] 刘运明．山西河曲地区新近纪砾石层的磁性地层年代与成因［J］．第四纪研究，2017，37（3）：597-611.

[108] 马永法，李长安，王秋良，等．江汉平原周老镇钻孔砾石统计及其与长江三峡贯通的关系［J］．地质科技情报，2007，26（2）：40-44.

[109] 梅惠，胡道华，陈方明，等．武汉阳逻砾石层砾石统计分析研究［J］．地球与环境，2011，39（1）：42-47.

[110] 梅惠，李长安，陈方明，等．武汉阳逻砾石层 ESR 地层年代学研究［J］．地球与环境，2009，37（1）：56-61.

[111] 梅惠，李长安，齐国凡．武汉阳逻化石木及砾石层研究进展［J］．地球与环境，2007，35（4）：357-361.

[112] 倪晋仁，马蔼乃．河流动力地貌学［M］．北京：北京大学出版社，1998.

[113] 倪志超．山东庙岛群岛黄土光释光年代及物源探讨［D］．山东：山东师范大学，2015.

[114] 牛东风，李保生，舒培仙，等．MIS5b 以来西樵山主量地球化学元素记录的 D/O 旋回与古生物实证［J］．沉积学报，2020，38（6）：1166-1178.

[115] 牛洪燕，金秉福．芝罘岛黄土状黄土的沉积特征与物源分析［J］．海洋地质与第四纪地质，2010，30（1）：115-123.

[116] 潘保田，胡振波，胡小飞，等．晋陕峡谷北段晚新生代河流演化初步研究［J］．第四纪研究，2012，32（1）：111-121.

[117] 潘保田，王均平，高红山，等．河南扣马黄河最高级阶地古地磁年代及其对黄河贯通时代的指示［J］．科学通报，2005，50（3）：255-261.

[118] 裴巧敏，马玉贞，胡彩莉，等．全球典型地区 MIS5e 阶段气候特征研究进展 [J]．地球科学进展，2016，31（11）：1182-1196.

[119] 彭淑贞，朱丽君，肖国桥，等．山东青州黄土的地层年代及其物质来源研究 [J]．干旱区地理，2010，33（6）：947-953.

[120] 秦大河，姚檀栋，周尚哲，等．李吉均及其学术思想 [J]．兰州大学学报（自然科学版），2013，49（2）：147-153.

[121] 山东省地质矿产局，山东省区域地质志 [M]．北京：地质出版社，1991.

[122] 山东省地质矿产局，山东省岩石地层 [M]．北京：中国地质大学出版社，1996，255-303.

[123] 邵家骥，刘志平，杨武，等．南京附近新近纪岩石地层若干问题探讨 [J]．地质学刊，2008，32（4）：257-262.

[124] 孙蔼，岳乐平，王建其，等．黄土高原北部晚新近纪"吴起古湖"的古地磁年代学与古环境记录 [J]．地球物理学报，2010，53（6）：1451-1462.

[125] 谭征兵，田明中，李振清．淄博地区上新世巴漏河组的发现及意义 [J]．现代地质，2000，14（2）：141-146.

[126] 田珺．南京六合横山古砾石层成因、时代及其与古长江的关系 [D]．北京：中国地质大学（北京），2015.

[127] 田立德，姚檀栋．青藏高原冰芯高分辨率气候环境记录研究进展 [J]．科学通报，2016，61（9）：926-937.

[128] 王二七．青藏高原大地构造演化——主要构造-热事件的制约及其成因探讨 [J]．地质科学，2013，48（2）：334-353.

[129] 王海峰，杨剑萍，庞效林，等．鲁北平原晚第四纪地层结构及沉积演化 [J]．沉积学报，2016，34（1）：90-101.

[130] 王洪浩，李江海，孙唯童，等．志留纪全球古板块再造及岩相古地理 [J]．古地理学报，2016，18（2）：185-196.

[131] 王军，孙新春，潘保田，等．鸭子泉河阶地的发育年代及其意义 [J]．干旱区资源与环境，2013，27（12）：106-111.

[132] 王令占，涂兵，田洋，等．鄂西清江中上游高海拔砾石层 ESR 定年及地质意义

[J]. 地球学报, 2012, 33 (3): 316-322.

[133] 王书兵, 蒋复初, 吴锡浩, 等. 三门组的内涵及其意义 [J]. 第四纪研究, 2004, 24 (1): 116-123.

[134] 王文远, 刘嘉麒. 末次间冰期以来黄土—古土壤的热释光测年——渭南、会宁剖面的对比研究 [J]. 海洋地质与第四纪地质, 2000, 20 (3): 67-72.

[135] 王小燕, 邱维理, 张家富, 等. 晋陕峡谷北段保德-府谷地区唐县面上冲积物的特征及其地貌意义 [J]. 第四纪研究, 2013, 33 (4): 715-722.

[136] 夏树芳, 康育义. 雨花台组时代问题的探讨 [J]. 地质论评, 2012, 27 (1): 34-37.

[137] 向芳, 杨栋, 田馨, 等. 湖北宜昌地区第四纪沉积物中锆石的 U-Pb 年龄特征及其物源意义 [J]. 矿物岩石, 2011, 31 (2): 106-114.

[138] 徐建辉, 谢又予. 秦岭太白山北麓砾石层的成因及第四纪古冰川问题 [J]. 地理研究, 1987, 6 (1): 53-60.

[139] 徐树建, 丁新潮, 倪志超. 山东埠西黄土剖面沉积特征及古气候环境意义 [J]. 地理学报, 2014, 69 (11): 1707-1717.

[140] 徐树建. 晚第四纪我国风尘堆积的区域对比研究 [M]. 济南: 山东人民出版社, 2012.

[141] 徐永, 岳乐平, 李建星, 等. 吕梁山西麓复兴剖面红黏土的磁性地层学研究 [J]. 地层学杂志, 2013, 37 (1): 33-40.

[142] 许耀中, 李宜垠, 刘国祥, 等. 内蒙古呼伦贝尔岗嘎考古遗址的孢粉记录及古植被定量重建 [J]. 第四纪研究, 2017 (6): 1391-1402.

[143] 姚檀栋, 施雅风, 秦大河, 等. 古里雅冰芯中末次间冰期以来气候变化记录研究 [J]. 中国科学 (D辑: 地球科学), 1997, 27 (5): 447-452.

[144] 尹功明, 江亚风, 俞岗, 等. 晚第四纪以来香山-天景山断裂左旋走滑量研究 [J]. 地震地质, 2013, 35 (3): 472-479.

[145] 于洪军. 中国东部陆架黄土成因的新探索 [J]. 第四纪研究, 1999, 7 (4): 367-372.

[146] 于振江, 梁晓红, 张于平, 等. 南京地区新近纪地层排序及其时代 [J]. 地层

学杂志，2006，30（3）：223-230.

[147] 俞伯汀，孙红月，尚岳全，等．玄武岩台地区滑坡典型特征及防治对策［J］．中国地质灾害与防治学报，2007，18（2）：17-21.

[148] 岳文浙，杨祝良，陶奎元，等．南京地区雨花台组层位与时代的厘定及沉积相研究［J］．上海地质，2009（1）：8-15.

[149] 张克旗，吴中海，吕同艳，等．光释光测年法--综述及进展［J］．地质通报，2015（1）：183-203.

[150] 张威，刘亮，柴乐，等．基于年代学证据的螺髻山第四纪冰川作用研究［J］．第四纪研究，2017，37（2）：281-292.

[151] 张文翔，史正涛，刘勇，等．新疆伊犁盆地黄土古气候记录与 Heinrich 事件对比分析［J］．冰川冻土，2015，37（4）：973-979.

[152] 张祥云，刘志平，范迪富，等．南京-仪征地区新近纪地层层序及时代讨论［J］．中国地质，2004，31（2）：179-185.

[153] 张勇，张玉芬，李长安，等．宜昌地区砾石层的磁性特征与物源分析［J］．第四纪研究，2009，29（2）：380-386.

[154] 张玉芬，李长安，邵磊，等．南京地区雨花台砾石层研究进展与展望［J］．地学前缘，2012，19（4）：284-290.

[155] 张玉芬，李长安，周稠，等．长江中游高位砾石层的磁性特征与物源分析［J］．吉林大学学报（地球科学版），2014，44（5）：1669-1677.

[156] 张增奇，王启飞，张义江，等．鲁西南地区二叠纪孢粉组合及其古植被与古气候意义［J］．地层学杂志，2016，40（3）：234-250.

[157] 张倬元，陈叙伦，刘世青，等．丹棱-思濛砾石层成因与时代［J］．山地学报，2000，18（b02）：8-16.

[158] 张祖陆，辛良杰，姜鲁光，等．山东济南张夏黄土堆积及成因分析［J］．古地理学报．2005，7（1）：98-106.

[159] 张祖陆，辛良杰，聂晓红．山东地区黄土研究综述［J］．地理科学，2004，24（6）：746-752.

[160] 赵举兴，李长安，许应石．洞庭盆地古沅江砾石层的沉积特征及沉积环境［J］．

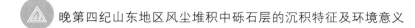

地质科技情报，2014，33（1）：85-89.

[161] 赵希涛，胡道功，吴中海，等．青海格尔木早更新世昆仑河砾岩的发现及其地质意义［J］．地质力学学报，2010，16（1）：1-10.

[162] 赵希涛，全亚博，吴中海，等．滇西道街盆地上新世怒江埋藏砾石层、堰塞湖沉积的发现及其磁性地层学［J］．地质通报，2012，31（2）：227-234.

[163] 赵志军，方小敏，李吉均，等．酒泉砾石层的古地磁年代与青藏高原隆升［J］．科学通报，2001，46（14）：1208-1212.

[164] 郑洪汉，朱照宇，黄宝林，等．山东半岛及苏皖北部黄土地层年代学研究［J］．海洋地质与第四纪地质，1994，14（1）：64-68.

[165] 朱大岗，赵希涛，孟宪刚，等．念青唐古拉山主峰地区第四纪砾石层砾组分析［J］．地质力学学报，2002，8（4）：323-332.

后　记

　　本著作是国家自然科学基金项目（41977262，41472159，41172160）的成果之一，也融入了山东省自然科学基金（Y2007E10）、中国博士后科学基金（20100470889）等项目的研究成果。

　　在本著作即将付梓出版之际，特别感谢山东师范大学郭永盛教授、张祖陆教授、韩美教授、李子君教授、徐志梅教授，鲁东大学王庆书记，泰山学院彭淑贞校长，曲阜师范大学张全景院长，鲁东大学曾琳教授，枣庄学院丁兆运教授，河南大学苗晓东教授，江苏师范大学陈诗越教授的帮助和指导。诸多国内外的专家学者对我们的研究给予了指导与帮助，恕不一一列举，在此一并表示感谢。

　　临沂大学的各级领导和科技处、资源环境学院的领导与教授，第四纪地质研究团队的各位同仁也给予了极大的支持和帮助，在此深表谢意。

　　齐鲁师范学院地理与旅游学院的各位领导、教授以及深海深地探测与地质时域变化团队的各位同仁在本书撰稿过程中也提出了宝贵的意见，并给予了极大的帮助与支持，在此致以诚挚的谢意。

　　我国关于风尘堆积的研究已经在世界上居于领先地位，但其深入的研究工作也必将是任重而道远的。山东地区晚第四纪特别是末次冰期以来自中北部鲁中南山地北麓直至庙岛群岛等广大地区的风尘堆积中存在一期或多期明显的砾石层。围绕山东地区风尘堆积这一沉积特点，开展砾石层砾组结构特征、沉积年代、物质来源、成因以及环境意义研究，对于深刻了解山东地区风尘堆积的环境背景，探讨山东地区晚第四纪时期区域古水系、古水文以及古地形地貌演变过程具有重要意义。本书可为自然地理学、地质学、沉积学等专业的师生从事风尘堆积等相关研究提供参考。

感谢中国科学技术出版社向仁军编辑的辛勤努力。

由于作者水平有限，加之时间仓促，书中不足之处，敬请各位同仁指正！

徐树建　孔凡彪

2024 年 9 月 17 日